土地退化与防治

韩霁昌　编著

科学出版社

北京

内 容 简 介

　　土地退化问题已成为全球面临的重要问题，是影响人类及其他生命形式生存和发展的核心。防治土地退化是实现全球绿色发展的必然选择，通过强化土地退化防治科技创新，推动土地退化治理和生态修复，可实现对土地资源的可持续利用。本书共八章，对我国土地退化现状、概况、成因及危害进行了分析，并立足国际视野分析我国土地退化防治的现状、面临的问题与挑战；详细介绍了土地退化评价理论与方法，对土地退化的评价指标进行全面分析筛选；针对不同土地退化类型提出相应的防治技术；分析我国典型地区土地退化防治案例。

　　本书有助于读者厘清对土地退化问题的认识，可为土地退化防治和工程实施机构提供参考和指导，也可为高等学校土地工程及相关专业师生提供参考。

图书在版编目(CIP)数据

土地退化与防治 / 韩霁昌编著. —北京：科学出版社，2024.6
ISBN 978-7-03-077359-3

Ⅰ.①土…　Ⅱ.①韩…　Ⅲ.①土地退化－防治－研究－中国
Ⅳ.①F323.211

中国国家版本馆 CIP 数据核字（2024）第 002223 号

责任编辑：祝　洁　汤宇晨 / 责任校对：王　瑞
责任印制：吴兆东 / 封面设计：陈　敬

科学出版社 出版
北京东黄城根北街 16 号
邮政编码：100717
http://www.sciencep.com

北京厚诚则铭印刷科技有限公司印刷
科学出版社发行　各地新华书店经销
*
2024 年 6 月第 一 版　开本：720×1000　1/16
2025 年 3 月第三次印刷　印张：12 1/4
字数：245 000
定价：160.00 元
（如有印装质量问题，我社负责调换）

序

"民以食为天，食以土为本"。土地资源作为人类赖以生存和发展的物质基础，是一切生产和一切存在的源泉，是不能出让的存在条件和再生产条件，是社会生产必需的劳动资料。土地资源的数量、质量、分布等情况决定着土地的人口负载量和人均生活质量。土地的质量状况是保护生物多样性和维持生态系统服务稳定输出的重要因素。

"地尽其用，人尽其力"，然而随着人口数量的剧增，人类生存环境和条件受到土地资源短缺和质量退化的制约，土地退化问题严峻，是影响人类及其他生命生存和发展福祉的关键。目前，全球33%的土地存在中度至高度退化问题，影响粮食安全，威胁生物多样性和水资源。此外，土地退化问题与食品安全、人居环境安全、贫困区经济发展之间存在很强的关联性。因此，土地退化问题的广泛性、联动性已在全球范围产生了不可逆的影响，成为人类必须面临且亟须解决的重大问题。

联合国粮食及农业组织最早于20世纪70年代就提出"土地退化"这一概念，但由于对土地退化问题的关注和科学研究相对起步较晚，关于土地退化概念、成因及分类、退化指标的监测手段、评价体系及预警机制等重要科学问题，国内外学界在诸多方面尚处于有争议性的探求阶段，至今没有形成普遍的认识及完善的体系。

《土地退化与防治》一书囊括了土地退化问题的各个方面，提出了土地退化的定义与分类，对我国土地退化概况、成因及危害进行分析，并立足国际视野分析我国土地退化防治的现状、面临的问题与挑战。为了更好地评估我国土地退化情况，该书对土地退化的评价指标进行全面分析筛选，并构建不同土地退化类型的评价体系。为了更好地解决土地退化问题，该书还针对不同土地退化类型提出相应的防治方法与技术，并且分析我国典型地区土地退化防治案例。该书从土地退化基础理论、成因及危害、评价体系、防治技术、典型案例等方面进行全方位的论述解析，能帮助读者厘清对土地退化问题的认识，并在土地退化评估与防治方面给予可行性的指导。此外，该书从土地退化研究的学科发展需求和战略意义方面进行探讨，对未来发展趋势进行展望，可供相关领域学者参考未来的研究范畴。

该书作者依托自然资源部退化及未利用土地整治工程重点实验室和农业农村部耕地质量监测与保育重点实验室，长年致力于土地工程领域科学研究与工程实践，提出土体有机重构理论，牵头创建土地整治工程本科专业，在土地整治新材料、土体结构改良新技术等方面实现了重大创新与大规模应用。作者带领团队参与了陕西省第三次全国土壤普查样本库建设，在全国 30 个省（自治区、直辖市）采集 11.4 万个土壤表层样品和 1000 多个土壤剖面样品，涵盖耕地、林地、草地、盐碱地等各种土地利用类型，并持续开展样品测试、分析与应用工作。此外，作者牵头制订了我国土地管理行业标准《土地退化评价与分级》（送审稿），其工作实践经验为该书的编写工作提供了坚实的基础。

　　该书资料翔实、脉络清晰、分析透彻，相信该书在我国土地退化防治工作中能发挥积极的作用，同时期望越来越多的有志者参与到土地退化防治工作中来，为我国土地质量提升、粮食安全、人居环境安全等事业做出贡献。

中国工程院院士　徐明岗

2024 年 4 月

前　　言

　　土地退化是自然环境和人类活动双重压力相互作用的结果。土地受到自然力或人类不合理开发利用，出现质量下降和生产力衰退，两大压力相互驱动，造成不同的土地退化过程。干旱、洪水、大风、暴雨、海潮等自然力，人类不适当的开垦和乱伐，不合理的种植和灌溉，不当的农药、化肥使用，均会引起土地沙化、土壤侵蚀、土壤盐碱化、土壤肥力下降、土壤污染等退化问题。由于人口不断扩张和用地需求日益增加，土地结构和质量发生非良性转变，土地开发利用需求的持续加剧了土地退化过程。人类活动导致的土地退化威胁着全球约 2/5 人口的生计，同时土地退化导致的粮食安全和人居环境破坏等问题频发，已经构成了全球性挑战，成为人类亟须解决的重大问题。有效控制土地退化是落实"藏粮于地、藏粮于技"战略，保障国家粮食安全的重要举措，对缓解人口、粮食、土地、经济和环境矛盾具有十分重要的现实意义和深远的战略意义。

　　2021 年 6 月，本书作者韩霁昌牵头完成了自然资源部组织的我国土地退化问题研究工作，形成了《土地退化调研报告》和《黄河流域土地退化基本情况调研报告》。本书集中阐述不同土地退化类型，给出详细定义，并对各类型退化土地的成因、危害、防治措施及效益进行了系统且全面的分析，弥补了行业内对土地退化类型定义模糊、通用分析评价体系缺失等不足。

　　本书以"基础概念—现状概述—技术方法—实际案例—发展前景"为框架，全方位介绍了土地退化防治工作，从理论出发，结合工程实际，探讨了土地退化防治的经验措施，提出更科学的土地退化评价体系，并对土地退化与防治研究的前景进行了展望。本书共八章。第一章为绪论，介绍土地退化现状与发展态势，指出我国土地退化防治现状及挑战，强调土地退化防治研究的重要性。第二章为土地退化的定义与分类，给出各类型土地退化的内涵，界定土地退化与土壤退化的关系，并从三个角度对土地退化进行分类。第三章介绍土地退化的成因及危害，对六种不同土地退化类型的概况、成因及危害进行详细描述。第四章为土地退化的评价，归纳总结土地退化评价的理论依据、具体流程及方法，对比国内外常见的土地退化评价体系，创新性提出各类土地退化类型的评价体系。第五章为土地退化的防治方法与技术，结合本书作者团队多年工程实践经验，详细介绍六种不同土地退化类型对应的防治技术。第六章为我国土地退化防治典型案例分析，总结我国不同地域六种土地退化防治典型案例，分析不同类型土地退化的驱动因素、防治技术模式及防治效益。第七章为土地退化防治助推乡村振兴，全面分析土地退化与贫困人口空间分布之间的关系，从助力乡村振兴的视角探讨土地退化防治的时代意义。第八章为土地退化研究与展望，强调土地退化研究的科学需求和战略意义，并提出未来土地退化研究的方向和趋势。

　　本书较为系统全面地阐述了土地退化防治体系涉及的概念、评价及防治方法，将基础理论和工程实践进行了有机结合，可为土地退化防治工作提供理论支撑和实践指导。以下人员于本书成稿期间在搜集素材、部分章节编写和排版等方面做了部分辅助工作：张扬正高级工程师、顾兆林教授、王欢元正高级工程师、孙婴婴正高级工程师、孙增慧高级工程师、李娟正高级工程师、彭飚高级工程师、张海欧高级工程师、盛晓磊高级工程师、魏样高级工程师、曹婷婷高级工程师、郭超高级工程师、王璐瑶工程师、王迎国工程师、周航工程师、叶胜兰工程师、谢潇工程师、李燕高级工程师、王娜工程师、罗玉虎工程师、刘思琪高级工程师、李宛莹高级工程师、黎雅楠工程师、胡雅高级工程师、文雯工程师、叶雷工程师、庞喆工程师、王鹤亭高级工程师、马建业硕士。

　　本书获得国家科技支撑计划、陕西省高层次人才特殊支持计划、国土资源部公益性行业科研专项、西安交通大学"百千万卓越工程人才培养"计划示范项目等支持，已作为西安交通大学人居环境与建筑工程学院环境工程专业"土地资源利用与修复工程"方向硕士研究生指定参考书。

　　由于本书编写时间仓促，作者水平所限，书中难免有不足之处，敬请读者批评指正。

目　　录

第一章 绪 论

第一节 土地退化概述与发展态势

  土地资源作为地球上承载一切物质生存的基础，是重要的生产资源。土地资源利用初期主要体现在农耕和住宅方面，我国农耕文明历史悠久，早在数千年以前就开始了土壤的耕作。由于人口的不断扩张，人们对土地的需求日渐增强，对自然土地现状进行了力所能及的改造。我国劳动人民的智慧和数千年的人类活动加速了土地开发利用，同时也促进了土地退化（land degradation）过程。人们试图从有限土地中获得更多的食物和生产资料。多年来，人类活动引起的土壤养分收支不平衡，土壤结构的非良性转变，造成土地退化。此外，森林滥伐、过度放牧、不合理灌溉、农田被占用等一系列问题均会导致土地退化。土地退化的问题自土地开发利用时起就已经存在，只是近百年来人口剧增、人口活动范围扩大、生产更新频繁，使得土地退化问题更为突出。从内陆到滨海，从干旱地区到湿润地区，从山区到平原，农、林、牧、副、渔的生产空间正日趋缩小，生产潜力和环境质量在不断下降。土地是地球表层系统中最后形成的，使地表系统成为一个完整且正常运转的自然系统圈层。土地在生态系统中有非常重要的地位，土地问题与诸多自然危机有着紧密联系，如全球气候变化、生态环境危机、粮食安全、食品健康、人居环境等。因此，土地退化问题具有广泛性、联动性，已经成为全球性的问题，成为人类面临且亟须解决的重大问题。

一、土地退化概述

  现代各种不合理人类活动引起的全世界范围内的土地退化问题日趋严峻，已严重威胁世界农业发展的可持续性。全球土地退化类型有侵蚀、沙化、盐渍化、污染和养分贫瘠化 5 大类型。土地退化在各地呈现的态势和类型差别明显。就地区分布来看，地处热带亚热带地区的亚洲、非洲土地退化尤为突出；就土地退化类型来看，土壤侵蚀是全球土地退化的最主要形式，占总退化面积的 84% 以上；就退化等级来看，土地退化以中度、严重和极严重退化为主，轻度退化仅占总退化面积的 38%（郭晓娜等，2019）。

  依据全球土地退化评价（Global Assessment of Soil Degradation）结果，土壤侵蚀是最主要的土地退化形式，其中全球退化土壤中水蚀影响占 56%，风蚀占 28%，水蚀的动因有森林的破坏、过度放牧、不合理的农业管理等。全球土壤化学退化包括土壤养分衰减、盐渍化、酸化、污染等类型，影响总面积达 240 万 km^2。退化驱动因素主要是农业的不合理利用和森林的破坏；全球土壤物理退化的土地总面积约 83 万 km^2，主要位于温带地区，绝大部分与农业机械的压实有关。我国地质及地形地貌类型、环境要素多变，人多地少，人地矛盾突出等，土地退化类型多，退化程度严重，涉及的范围广（胡慧慧等，2011；张晓薇等，2010）。

二、土地退化分布特点

人类活动造成的土地退化影响了 32 亿人的福祉，使地球走向第六次物种大灭绝，生物多样性下降和生态系统服务丧失造成的损失超过每年全球总产值的 10%。在世界许多地方，土地退化造成的生态系统服务丧失已达到很高程度，产生的消极影响对人类的应对能力构成挑战。土地退化和相关生物多样性丧失的主要直接驱动因素包括：农田和牧场扩张取代原生植被，不可持续的农业和林业行为，气候变化，特定地区的城市扩张、基础设施开发和采掘业实施。

全球森林主要分布在南美洲、非洲中部、东南亚和俄罗斯。这四个地区拥有全球约 60% 的森林，其中以俄罗斯、巴西、印度尼西亚和刚果（金）为最，四国拥有全球约 40% 的森林资源。南美洲共拥有全球 21% 的森林和 45% 的热带森林，仅巴西一国就拥有全球 30% 的热带森林，该国每年减少的森林面积高达 2.3 万 km^2。根据联合国粮食及农业组织（简称"联合国粮农组织"，FAO）的报告，巴西仅 2000 年就生产了 1.03 亿 m^3 的原木。

土地退化在我国发生范围很广，从南到北，从东到西，几乎都有土地退化发生，其类型复杂多样。以土地沙化为例，我国沙漠化土地东起黑龙江，西至新疆，断续分布，形成长达 5500km 的弧形带蜿蜒横跨我国北部。水土流失几乎遍及全国，其中以黄土高原最为严重，其他土地退化类型几乎在我国各地均有分布。由于我国自然资源条件复杂，地域差异明显，土地退化类型表现出明显的区域性：①北方干旱半干旱农牧交错区的土地沙化和盐渍化；②黄土高原区的土壤侵蚀；③华北平原农业区的土壤盐渍化和次生盐渍化；④南方红黄壤丘陵区的水土流失；⑤东南部农业区的土壤肥力退化；⑥西南山区的水土流失；⑦青藏高原的冻融侵蚀与土地瘠薄；⑧工农业发达地区的土地污染与土地损毁等。

土地退化的趋势在我国早已存在，只是近几十年来随着人口的剧增、经济的发展及资源的不合理开发利用，土地退化的速度加快。当然，随着科学的进步，一些土地退化在我国得到了有效的整治和控制。例如，20 世纪 50～60 年代，华北平原地区在大力发展引黄灌溉、片面强调平原蓄水、盲目种稻的情况下，地下水位普遍升高，盐渍土面积增加 133.3 万 m^2。90 年代，通过整治排灌系统、采取生物措施等，次生盐渍化现象已基本得到控制。大多数类型的土地退化仍以较快的速度发展。以水土流失（侵蚀）为例，长江流域10个省级行政区13个水土流失重点县的调查表明，1982年的水土流失面积比20世纪50年代增加了37%～75%。50～70年代，沙漠化土地每年扩大15.6万 m^2；80年代以后，扩展速度加快，每年达21万 m^2。20世纪60年代以前，我国的土地污染状况还不甚严重，60年代以后，随着工业化的进一步发展，环境污染严重，土地污染由城市向乡村扩展。

三、土地退化发展态势

地球表面没有受到人类活动干扰的区域不足1/4，预计到2050年，这一比例将下降到不足10%，这些区域主要集中在不适合人类利用或居住的沙漠、山区、苔原和极地地区。湿地退化会导致气候调节、水资源供给、生物多样性维持等湿地功能退化乃至丧失（Young et al.，2008），威胁着区域生态安全和人类的生存（Das et al.，2020）。因此，湿地的退化过程及其驱动因素已成为当前亟须解决的关键科学问题之一。土地退化对生物多样性和人类福祉影响的最直接表现是：野生物种数量减少导致的生物多样性衰退，全球土壤有机碳的流失导致的生态系统功能受损，土地生产力下降对地方和区域粮食安全造成的威胁。除此之外，土地退化还会通过引起气候变化、生物入侵或人口迁徙等对生态系统和生物多样性产生间接影响。生物多样性和生态系统服务政府间科学政策平台（Intergovernmental Science-policy Platform for Biodiversity and Ecosystem Services，IPBES）土地退化和恢复专题评估报告预测，到2050年，土地退化和气候变化这两个因素将会使全球作物产量平均减少10%，某些区域甚至减少50%。土地生产力下降在干旱地区更容易引发社会冲突。土地退化和气候变化还可能迫使全球发生大规模的人口迁移。全球城市化趋势同样会改变人与环境的关系，城市化进程虽然提高了人类对水和燃料等资源的利用效率，但同时带来了土地退化等环境问题（张博雅等，2018）。我国土地退化面积占国土总面积的40%，相当于全球土地退化总面积的1/4。其中，水土流失面积占国土总面积的1/6，每年流失土壤约50万 t，流失土壤养分相当于全国化肥总产量的1/2，污染江河湖泊。西北黄土高原、南方红壤秋林地区及东北黑土地区，属于水土流失严重地区，沙漠化、荒漠化总面积占国土总面积的11.4%。全国草地退化面积占全国草地面积的21.4%，主要发生在西部和西北部一些农牧地区；土壤环境污染严重，20世纪90年代初，工业三废污染农田面积相当于50个农业大县的全部耕地面积（王梦婧等，2020）。

第二节　土地退化防治研究意义

一、土地退化与生态环境恶化

土地退化大部分发生在生态环境十分脆弱的地带，一旦发生退化，将不可逆转，难以恢复，不但土地本身失去生产力，而且对生态环境的影响更为严重，甚至造成突发性灾害，威胁人类的生存。以水土流失为例，长期的水土流失，使平原变成沟壑纵横，成为难以利用的荒沟。此外，水土流失还会淤塞水库、河道，降低工程效益。2012 年，水利部组织在山西、陕西开展了水库淤积调查。其中，山西省水库总库容 47.65 亿 m^3，淤积率（累积淤积量与总库容之比）34%；陕西省水库总库容 40.43 亿 m^3，淤积率 34%（张士辰等，2017）。相关研究表明，黄河流域水库淤损率（年均淤积量与总库容之比）最大，达到 36.76%（邓安军等，2022）。若暴雨将淤水库冲垮，泥水一起冲下，阻塞交通，毁坏村庄，会严重威胁下游人民生命财产安全。此外，土地沙漠化不仅引起产草量降低，而且对生态环境的破坏十分严重。由于沙漠化版图扩张，我国北方地区沙尘暴频发。1998 年 4 月 15～21 日，自西向东发生了一场席卷我国干旱、半干旱和半湿润地区的强沙尘暴，途经新疆、甘肃、宁夏、陕西、内蒙古、河北和山西西部。宁夏银川因连续"下沙子"，飞机停飞，人们连呼吸都觉得困难。我国幅员辽阔，气候类型众多，其中不乏大陆性气候地区，该气候对应的自然景观主要是草原和沙漠。通常来说，这些地区的降水量比较小，蒸发量则比较大，这就导致土地趋向干旱化；尤其是近年来受全球变暖的影响，部分地区在降水量得不到提高的同时蒸发量增加，导致原有植被死亡，土地沙漠化现象加剧（王莉，2022）。

二、土地退化与粮食短缺

2018 年，IPBES 土地退化和恢复专题评估报告表明，预计到 2050 年，土地退化和气候变化将共同导致全球农作物产量平均下降 10%，某些地区的降幅将高达 50%，可能迫使 5000 万～7 亿人迁移，威胁全球至少 32 亿人的生计。《联合国气候变化框架公约》下致力于保护生物多样性的机构——IPBES 发布报告表示，全球气候变迁和土地不断退化导致粮食产量减少，未来该情况可能会迫使数亿人口迁徙，人类甚至可能为争夺资源而爆发冲突。如不采取长期的保护措施，土地退化将导致 117 个发展中国家的粮食产量平均减少 19%，中美洲、南美洲、非洲、东南亚和西南亚五个地区的雨育作物种植面积将减少 18%。同时，土地退化还将给各国带来不可估量的经济损失，不仅在农田建设方面需要加大投入，还要为解决粮食供给和农产品短缺的问题，列支一定的外汇用于进口相应食物。土地退化带来的危害，不仅反映在农业生产者和国家的经济损失上，还会加剧农业生态环境的恶化程度，从而进一步扩大粮食与农林牧业产业短缺的被动局面。

我国是有 14 亿多人口的大国，土地退化造成的食物短缺将是世界上其他任何一个国家无法解决的问题。我国对于粮食和其他农产品的需求量较大，土地生产力对社会平稳发展至关重要，然而我国的耕地退化问题十分严峻。随着我国工业化、城镇化的快速发展，农业资源连续多年的高强度利用，耕地土壤污染等突出问题，巨大的人口压力和水土资源分配不均的现状，会导致耕地资源的压力巨大。土壤是人类获取营养元素的主要来源，同时是水中污染物的天然过滤器。土壤结构破坏、养分损失会造成农作物减产，严重威胁粮食安全。

三、土地退化与地区贫困

在世界上的许多地区，贫困与生态脆弱之间有很强的关联性。贫困人口的生产、生活对自然资源的依赖性强，脆弱生态系统中自然资源匮乏，可供利用的生产、生活资料极其有限，马尔萨斯陷阱的规律在发挥作用。同时，贫困地区一般人口增长相对较快，当人口数量超出自然资源承载能力时，人地矛盾加剧，贫困人口不得不超量获取自然资源，陷入"环境恶化—贫困—环境恶化"的恶性循环。Reardon 等（1995）认为贫困与环境退化之间的关系有四种：贫困导致环境退化；权力、财富与贪欲导致环境退化；制度失灵、市场失灵导致环境退化；环境退化导致贫困。我国西北五省的经济发展薄弱区一半以上分布在生态脆弱区。此外，土地退化带来水资源短缺会阻碍经济发展薄弱区经济发展，引发自然灾害，进一步限制当地居民生活水平提高。土地退化加速经济衰退，造成社会贫困，诱发社会治安动荡，继而威胁人居环境安全。

第三节　我国土地退化防治现状及挑战

一、土地退化防治政策制度

土地退化问题伴随着土地资源的开发与利用而一直存在，隐性退化不易被发现，初期人们更多关注的是显性退化，对严重危害生态安全、分布面积范围广的荒漠化、沙化给予了更多的关注。早在 1996 年 12 月，《联合国防治荒漠化公约》正式生效，为世界各国家和地区制定防治荒漠化纲要提供了依据。迄今为止，已有 197 个国家批准或加入该公约，这标志着国际社会已充分认识到防治荒漠化和缓解干旱灾害在实施可持续发展战略中的重要地位。我国为了确保《联合国防治荒漠化公约》的实施，1994 年开展了首次全国荒漠化和沙化土地监测工作，并公布了主要成果，为国家荒漠化和沙化防治的宏观决策提供了科学依据和基础数据。

之后每五年一个周期，迄今为止已经开展了六次监测工作。随着土地退化问题逐渐被公众重视，世界各国围绕土地退化与修复整治开展了一系列的工作，如澳大利亚在全国范围开展了"土地保育"（LANDCARE）行动，全球环境基金资助联合国粮农组织实施了全球干旱地区土地退化评估（LADA）项目，欧盟委员会组织了土地荒漠化减缓与修复（DESIRE）项目等。

我国先后发布了《全国防沙治沙规划（2005—2010年）》《全国防沙治沙规划（2011—2020年）》《全国防沙治沙规划（2021—2030年）》；2019年，国家林业和草原局荒漠化防治司牵头组织开展第六次全国荒漠化和沙化监测工作，截至2019年，全国荒漠化土地面积257.37万km^2，占国土面积的26.81%；沙化土地面积168.78万km^2，占国土面积的17.58%；具有明显沙化趋势的土地面积27.92万km^2，占国土面积的2.91%。同时，其他土地退化问题凸显，在水土流失防治、土壤盐渍化防治、土壤污染防治等方面，国家相继出台了相关法律法规和行动方案，如《中华人民共和国环境保护法》《中华人民共和国水土保持法》《中华人民共和国森林法》《中华人民共和国土地管理法》《中华人民共和国水法》《中华人民共和国草原法》《中华人民共和国土壤污染防治法》《农用地土壤环境管理办法（试行）》《土壤污染防治行动计划》等。

针对土地盐渍化问题，2014年5月，国家发展和改革委员会、科学技术部等10部门出台了《关于加强盐碱地治理的指导意见》（发改农经〔2014〕594号），通过进一步加大对盐碱地治理的支持力度，整合资源、协同推进盐碱地治理，深入推进盐碱地治理科研工作，加强盐碱地分类治理试点、示范和推广工作，合理开发利用水资源，建立健全长效监管机制，创新机制、提高市场化程度等措施扎实推进盐碱地治理。此外，指导地方制订盐碱地治理相关标准，建设盐碱地治理示范区，启动盐碱耕地治理试验示范，加强耕地质量监测评价和数据平台建设，推动盐碱地治理标准化、信息化、高效化。通过资金支持、政策引导等方式加强人工智能和盐碱地治理人才队伍培养，促进人工智能相关专业与涉农专业的融合，促进科技创新。2020年，农业农村部启动退化耕地治理工作，印发《农业农村部办公厅关于做好2020年退化耕地治理与耕地质量等级调查评价工作的通知》（农办建〔2020〕4号），指导地方有序有效开展盐碱耕地治理，与高标准农田建设相结合，集成示范施用碱性土壤调理剂、耕作压盐、增施有机肥等治理模式。盐碱耕地治理项目县（市、区）要建立集中连片千亩以上试验示范区，有条件的地方至少建设1个集中连片万亩以上试验示范区。通过建设盐碱耕地治理集中连片示范区，引导农户应用土壤改良、地力培肥、治理修复等综合技术模式，提升耕地地力，增强土壤抗盐碱能力。

水利部坚持"水利工程补短板、水利行业强监管"水利改革发展总基调，印发了《国家水土保持重点工程 2021—2023 年实施方案》、《水利部办公厅关于开展 2020 年度生产建设项目水土保持监督管理督查的通知》（办水保函〔2020〕403 号）、《水利部办公厅关于开展 2020 年生产建设项目水土保持遥感监管工作的通知》（办水保函〔2020〕487 号）、《水利部办公厅关于做好 2020 年度水土流失动态监测工作的通知》（办水保〔2020〕138 号）、《水利部办公厅关于实施生产建设项目水土保持信用监管"两单"制度的通知》（办水保〔2020〕157 号）、《水利部办公厅关于印发生产建设项目水土保持问题分类和责任追究标准的通知》（办水保函〔2020〕564 号）、《水利部办公厅关于做好生产建设项目水土保持承诺制管理的通知》（办水保〔2020〕160 号）、《水利部办公厅关于进一步加强生产建设项目水土保持监测工作的通知》（办水保〔2020〕161 号）、《水利部 发展改革委 财政部 自然资源部 生态环境部 农业农村部 林草局关于开展全国水土保持规划实施情况考核评估工作的通知》（水保〔2018〕192 号）、《水利部办公厅关于进一步优化开发区内生产建设项目水土保持管理工作的意见》（办水保〔2020〕235 号）、《水利部关于进一步深化"放管服"改革全面加强水土保持监管的意见》（水保〔2019〕160 号）、《水利部办公厅关于印发生产建设项目水土保持监督管理办法的通知》（办水保〔2019〕172 号）、《关于开展水土保持工程建设以奖代补试点工作的指导意见》（水财务〔2018〕28 号）、《水利部关于开展长江经济带生产建设项目水土保持监督执法专项行动的通知》（水政法〔2018〕300 号）、《东北黑土区侵蚀沟治理专项规划（2016—2030 年）》、《黄土高塬沟壑区"固沟保塬"综合治理规划（2016—2025 年）》，为水土保持"监管强手段、治理补短板"提供了坚实的制度保障。

《农用地土壤环境管理办法（试行）》由环境保护部、农业部于 2017 年 9 月 25 日公布。该办法共六章三十条，自 2017 年 11 月 1 日起施行。《中华人民共和国土地管理法》明确提出了耕地保护的目标。即实现耕地的总量动态平衡，是指在满足人口及国民经济发展的耕地产品数量和质量不断增长的条件下，实现耕地数量和质量供给与需求的动态平衡。实现这一目标必须加强耕地的数量、质量保护，并注重耕地环境质量的提高。国务院 2016 年印发被称作"土十条"的《土壤污染防治行动计划》。根据这一行动计划，为保障农业生产环境安全，对农用地实施分类管理，重度污染的耕地要依法划定特定农产品禁止生产区域，严禁种植食用农产品。对于建设用地，实施准入管理。2017 年起，各地逐步建立污染地块名录及其开发利用的负面清单，合理确定土地用途。同时，禁止在居民区、学校、医疗和养老机构等周边新建有色金属冶炼、焦化等行业企业。

　　针对土地污染问题,原环境保护部起草《中华人民共和国土壤污染防治法》,2018 年 8 月 31 日由第十三届全国人民代表大会常务委员会第五次会议通过,自2019 年 1 月 1 日起施行。该法填补了我国环境污染防治法律,特别是土壤污染防治法律的空白。该法规定,污染土壤损害国家利益、社会公共利益的,有关机关和组织可以依照《中华人民共和国环境保护法》《中华人民共和国民事诉讼法》《中华人民共和国行政诉讼法》等法律的规定向人民法院提起诉讼。

　　经过多年的努力,我国的土地退化防治工作已经取得了显著的成效,但是从整体上看,我国土地退化防治工作的形势依然十分严峻。土地退化防治是一项非常复杂的系统工程,既需要高度的科学技术手段、完善的法律和政策手段,又需要各级政府的不懈努力,同时还需要当地广大农牧民的积极参与。美国社会心理学家马斯洛在 20 世纪 40 年代出版的《人的动机理论》一书中,提出了人的动机产生于人的需求、激励源于人对需求的满足等观点。当人的生活处于低水平时,人们首先追求的是物质的满足。当低层次的需求基本得到满足以后,它的激励作用就会降低,其优势地位将不再保持,高层次的需求会取代之,成为推动行为的主要原因。越是高层次的需求,精神追求的比例越大。

　　我国西部地区的许多农村牧区对土地具有极强的依赖性。土地退化严重影响着西部干旱、半干旱地区广大农牧民的生计,农牧民出于生计需求进行的不合理的土地开发利用是土地退化的重要原因之一。土地退化与农牧民生计,是一对难以分割的矛盾,只有进一步提高农牧民生活水平,才能从根本上解决土地退化问题。不断完善土地退化防治政策,最大程度地实现政策与农牧民需求一致性,是加快土地退化防治进程的重要环节。特别是在全面落实科学发展观、建设社会主义新农村、推进社会主义和谐社会和生态文明社会建设的今天,开展土地退化防治政策与农牧民基本需求一致性的研究,具有更加突出的意义。

　　人类不断通过生产活动、消费活动改变着土地资源的物质组成、状态和质量,并且随着地球人口数量的快速增长及社会的飞速发展,人类改造土地资源的能力不断增强,从而使土地质量向着有利于或者不利于人类生存发展的方向变化,而这种变化又会反作用于人类本身,影响人类的生产和生活。因此,有必要对土地退化机理进行系统、深入的研究,做好土地质量的实时监测,及时分析土地资源各指标的演化规律,分析土地退化的主导因素,科学评价土地质量,根据存在的各种土地退化问题提出科学的治理及预防措施,从而达到合理开发利用土地资源,科学规划人类各种经济、工程活动,最大限度控制人类活动对土地质量的影响,保护土地资源,提高土地质量水平,使其更适宜于人类的生产及生活的目的(黄静等,2013)。

二、土地退化防治现状与效果

20世纪上半叶，美国中西部、苏联中亚地区及非洲萨赫勒地区的大规模农牧业开发伴随区域干旱，导致荒漠化（desertification）迅速发展。这种以不合理人类活动为主要因素引起的荒漠化，给全球尤其是干旱区（arid region）带来一系列环境、经济和社会问题，严重威胁着人类的生存和发展。截至2012年，全球有15亿人口直接受到荒漠化的威胁，每年有1200万hm^{2}可耕地流失（UNCCD Secretariat，2012）。为应对这种威胁，各国拉开了全球沙漠化防治研究和实践的序幕。相关国家相继加强了防沙治沙工作，实施了一系列大工程，如美国"大草原各州林业工程"、苏联"斯大林改造大自然计划"、非洲"绿色坝工程"、以色列"植树造林计划"等。1975年，联合国通过了与沙漠化进行斗争的行动计划，《联合国防治荒漠化公约》（UNCCD）于1996年生效，已有190多个缔约方，并提出到2030年实现"土地退化总面积零增长"（land degradation neutrality，LDN）防治目标（UNEP et al.，2015）。我国是世界上受荒漠化影响最为严重的国家之一。沙漠化（与风蚀活动相关的荒漠化）作为荒漠化的一种主要类型，对我国北方干旱区生态环境和社会经济的影响尤为严重。针对沙漠化防治工作，我国20世纪70年代实施了"三北防护林工程"，之后陆续实施了"退耕还林工程""京津风沙源治理工程""石羊河流域重点治理"等一批针对沙化土地修复的生态建设工程，取得了举世瞩目的成就。与此同时，我国的沙漠和沙漠化专家对我国北方的沙漠化及其防治问题开展了详细的研究，并将取得的大量防沙治沙成果应用于实践中，使我国成为全球公认的沙漠化治理最具成效的国家之一。经过数代治沙人的努力，到2010年，我国北方沙漠化土地（sandy desertification land）的整体扩展趋势已经得到有效遏制（王涛，2016）。

20世纪80年代末至2020年，全国水土流失面积呈下降趋势。根据水利部全国水土流失动态监测结果，2020年全国水土流失面积相较于20世纪80年代末和2003年分别下降了26.6%和24.4%，水土流失面积占国土总面积的比例由38.2%下降至28.0%。20世纪80年代末（计算时按1989年）～2003年、2003～2011年、2011～2018年、2018～2019年和2019～2020年的水土流失面积下降比例分别是3.0%、17.2%、7.2%、1.0%和0.7%。为便于比较，计算统计时段内的年均下降比例，分别是0.2%、2.1%、1.0%、1.0%和0.7%。可以看出，2003～2011年水土流失面积年均下降比例最大，而21世纪以前水土流失面积年均下降比例较小。2000～2020年，水土流失面积年均下降比例为1.4%，全国水土流失趋势总体得到较好遏制。值得注意的是，水蚀面积占比由20世纪80年代末的49%下降至2020年的42%，而风蚀面积则呈现增加趋势。风力侵蚀造成的水土流失面积占比增加，也是后续水土保持工作应关注的重点（李智广，2011）。

针对重金属污染，可以应用重金属原位封闭技术，在污染土壤的周围建立防水墙，避免污染扩大，将污染土壤封闭在原位，这是经济、技术水平不足情况下的一种方法。该方法的优点是不需要清除污染土壤，经济实惠，待条件成熟时，有针对性地对重金属污染土壤进行治理。还可以应用铁粉洗净磁性分离法，这种技术能够通过铁粉有效地吸附重金属，然后利用磁性分离技术净化吸附重金属的铁粉。该方法的优点是能够重复利用土壤、水及土质材料。针对油污染，可以应用气泡夹带法，将受到油污染的土壤投入碱溶液中，再添加过氧化氢，使其发生化学反应，从而带离土壤表面附着的油。该方法的优点是能够重复利用带离的油，且被净化的土壤也能够充分利用，可以应用于高度油污染的土壤。针对农药污染，可以使用植物吸附技术进行初治理，在农药污染的土地种植黑麦草、苜蓿、小兰茎草。有研究资料显示，经过半年治理之后，能够消除 60%左右的污染（周国新，2020）。

三、土地退化防治面临的问题与挑战

一般来说，土地退化包含各种形式的退化过程，从生物、物理、化学驱动因素来看，包括风蚀、水蚀、盐渍化、冻融、化学污染、人为植被清除、外来物种入侵等。土地退化是否应区分人类活动和自然过程存在较大争议，准确区分两者贡献往往存在较大困难。尽管存在上述分歧，但各国普遍接受《联合国防治荒漠化公约》（UNCCD）第一条中土地退化的定义，即土地的生物或经济生产力和复杂性两方面的下降或丧失。雨养耕地、灌溉农田、牧场、草原、森林和林地等各种用途的土地都可能发生退化，退化的原因为土地利用变化、人类活动和居住模式的变化等一种或多种压力和驱动因素相叠加。UNCCD 同时定义了土地：具有陆地生物生产力的系统，由土壤、植被、其他生物区系和在该系统中发挥作用的生态和水文过程组成。2005 年，《千年生态系统评估报告》从土地退化对生态系统服务影响的角度，将土地退化定义为"生态系统可为人类提供的一个或几个服务功能的持续减少，既包括人类活动也包括自然因素"，强调"持续减少"是因为生态系统服务具有时间维度上的高波动性。《可持续发展目标（SDG）15.3.1 良好实践指南（2017）》通过设定基准年份区间、报告区间，强调退化的时间尺度和持续特性。尽管如此，"土地退化"一词在特定情景下的应用往往还会因不确切、不一致而令人忧虑。例如，关于到底哪个生态系统属性发生了改变，退化与恢复发生在什么时间尺度，以及驱动因素（如放牧、火灾、利用方式转变等）包括哪些等，往往缺乏清晰的定义（李晓松等，2021）。

近几十年我国学者关于土地退化的问题已开展了诸多研究，在土地退化概念内涵、土地退化类型划分、土地退化机理、土地退化评价与监测、土地退化的防

治与生态重建方面，做了大量工作并取得了显著成果（罗明等，2005）。在第 75届联合国大会期间，我国发布《地球大数据支撑可持续发展目标报告（2020）》。土地退化零增长进展评估和生物多样性保护对策案例显示，我国土地退化零增长趋势持续向好。与 2015 年相比，2018 年净恢复土地面积增长 60.3%，净恢复土地面积约占全球的 1/5，对全球土地退化零增长贡献最大。该报告还指出，在看到土地退化零增长积极进展的同时，尚须认识到我国土地退化面临的形势仍较为严峻。未来应加大科学保护与治理力度，健全土地退化零增长监测方法体系并提升监测能力，以争取在 2030 年实现更高水平土地退化零增长。

参 考 文 献

邓安军，陈建国，胡海华，等，2022. 我国水库淤损情势分析[J]. 水利学报，53(3): 325-332.

郭晓娜，陈睿山，李强，等，2019. 土地退化过程、机制与影响——以土地退化与恢复专题评估报告为基础[J]. 生态学报，39(17): 6567-6575.

胡慧慧，崔艳杰，薛合伦，等，2011. 退化土地生态修复材料及技术[J]. 安徽农业科学，39(29): 18116-18120.

黄静，吴祥云，单宝奇，等，2013. 土地退化研究进展[J]. 广东农业科学，40(12): 63-66, 77.

李晓松，卢琦，贾晓霞，2021. 地球大数据促进土地退化零增长目标实现: 实践与展望[J]. 中国科学院院刊，36(8): 896-903.

李智广，2011. 水土保持普查进展及下一步工作安排[J]. 中国水利，(18): 25-27.

罗明，龙花楼，2005. 土地退化研究综述[J]. 生态环境，14(2): 287-293.

王莉，2022. 土地沙漠化原因及林业防沙治沙措施[J]. 新农业，(6): 20.

王梦婧，吕悦风，吴次芳，2020. 土地退化中性研究的国际进展及其中国路径[J]. 中国土地科学，34(2): 64-74.

王涛，2016. 荒漠化治理中生态系统、社会经济系统协调发展问题探析——以中国北方半干旱荒漠区沙漠化防治为例[J]. 生态学报，36(22): 7045-7048.

张博雅，潘玉雪，徐靖，等，2018. IPBES 土地退化和恢复专题评估报告及其潜在影响[J]. 生物多样性，26(11): 1243-1248.

张士辰，盛金保，李子阳，等，2017. 关于推进水库清淤工作的研究与建议[J]. 中国水利，(16): 45-48.

张晓薇，詹强，2010. 矿区退化土地土壤改良剂的研制[J]. 辽宁工程技术大学学报(自然科学版)，29(S1): 147-148.

周国新，2020. 我国土壤污染现状及防控技术探索[J]. 环境与发展，32(12): 26-27.

DAS A, BASU T, 2020. Assessment of peri-urban wetland ecological degradation through importance-performance analysis (IPA): A study on Chatra Wetland, India[J]. Ecological Indicators, 114: 106274.

REARDON T, VOSTI S A, 1995. Links between rural poverty and the environment in developing countries: Asset categories and investment poverty[J]. World Development, 23(9): 1495-1506.

UNCCD Secretariat, 2012. Zero net land degradation: A sustainable development goal for Rio+ 20[R/OL]. https://sustainabledevelopment.un.org/index.php?page=view&type=400&nr=526&menu=35.

UNEP, UNCCD, 2015. Land Degradation Neutral World[R/OL]. https://www.unccd.int/land-degradation-neutral-world.

YOUNG R G, MATTHAEI C D, TOWNSEND C R, 2008. Organic matter breakdown and ecosystem metabolism: Functional indicators for assessing river ecosystem health[J]. Journal of the North American Benthological Society, 27(3): 605-625.

第二章　土地退化定义与分类

土地退化近几十年来吸引了世界范围内国际组织、政府、研究机构、土地管理部门和公众的广泛关注。尽管人们对土地退化问题展开了广泛而深入的研究，但仍不能满足防治土地退化的需要。纵观国内外土地退化的研究进展，明晰进一步的研究方向，是科学防治土地退化的必然要求。

第一节　土地退化的定义与内涵

由于对土地退化问题的关注和科学研究起步相对较晚，土地退化的定义、内涵及分类等重要科学问题，仍然处于初期的探讨阶段，至今没有形成普遍的共识。本节介绍国内外土地退化概念的发展历程及内涵。

一、土地退化的定义

自 20 世纪 70 年代联合国粮农组织首先提出土地退化起，土地退化问题日益受到关注。直至今日，关于土地退化的定义，国内外仍有多种见解和表述。

（一）国际土地退化定义的发展

联合国粮农组织首先于 20 世纪 70 年代提出了土地退化概念，并出版了专著《土地退化》（1971 年）。书中将土地退化粗分为侵蚀、盐碱、有机废料、传染性生物、工业无机废料、农药、放射性、重金属、肥料和洗涤剂等引起的十大类，但只是表述了土地退化的主要类型，没有对土地退化给出严谨的、完整的表述。此后，一些学者和有关国际学术组织针对土地退化的类型和退化（荒漠化）成因进行了深入的探讨。Stewart 等（1990）撰写的 *Advances in Soil Science: Soil Degradation* 等系列专著相继出版，标志着土地退化的研究开始活跃。

1994 年，《联合国防治荒漠化公约》中对"土地退化"给予了明确的定义，该定义体现了土地退化的成因、类型及一些机理等。土地退化是指由于使用土地，或由于一种营力或数种营力结合，干旱、半干旱和亚湿润干旱地区雨浇地和水浇地、草原、牧场、森林和林地的生物或经济生产力和复杂性下降或丧失，其中包括：风蚀和水蚀致使土壤物质流失；土壤的物理、化学和生物特性或经济特性退化；自然植被长期丧失。

1991 年，Johnson 和 Lewis 考证了以往文献中"土地退化"一词的用法后指出了土地退化的两个关键方面：一是土地系统的生物生产力显著下降，强调了土地退化产生的结果；二是这种下降是人类活动而不是自然事件引起的过程结果，强调了土地退化的驱动因素。把土地退化定义为人类干预造成的一个地区土地生物生产潜力和/或使用价值的显著下降。其中，"使用价值"是土地退化的关键特征，土地退化出现时，一个地区的生物生产力可能并没有明显变化，在这种情况下使用"使用价值"定义土地退化，片面强调人为因素，忽略了自然因素对土地退化的作用。

（二）我国土地退化定义的发展

我国人多地少，地理条件极为复杂，地质与地理及生态要素的时空变化大，土地退化问题严重，退化类型多，危害大，因此相应的研究工作与取得的成果也较丰富。众多学者对土地退化问题从多种角度开展研究之后，先后给出了不同的定义。

左大康（1990）对土地退化的解释是：由自然力或人类利用中的不当措施，或二者共同作用而导致土地质量变劣的过程和结果。

赵其国（1991）指出，土地退化是人类对土地不合理的利用而导致土地质量下降乃至荒芜的过程。

刘慧（1995）提出，土地退化是在人类活动或某些不利自然因素的长期作用和影响下，土地生态平衡遭到破坏，土壤和环境质量变劣，调节再生能力衰退，承载力逐渐降低的过程。其范围不仅包括耕地，而且包括林地、牧地及一切具有一定再生产力的土地。特别强调了自然因素和人为因素是土地退化的主要成因，同时阐明了土地退化的主要危害性。

李博（1997）强调了土地退化的机制，他认为土地退化是土地物理因子和生物因子改变导致的生产力、经济潜力、服务性能和健康状况下降或丧失。

于伟等（2001）特别强调了人为因素在土地退化中的作用地位，他们认为土地退化是指在各种自然因素特别是人为因素的影响下，发生的土地质量及其可持续性下降甚至完全丧失的物理、化学和生物过程。

上述学者的定义中均重视了土地质量，却忽视了土地数量退化。此后，不同学者先后从不同角度对土地退化定义作了不同表述。综合国内外诸多专家的见解，有依据和理由认为，土地退化是指土地受到人为因素或自然因素，或人为、自然综合因素的干扰、破坏，土地数量减少和土地质量下降乃至荒芜的过程，主要内容包括森林破坏及衰亡、草地退化、水资源恶化和土壤肥力下降等，土地范围既包括耕地，又包括林地、草地及其他一切具有再生能力的土地利用类型。

土地退化概念既界定了退化的成因，又包含退化的危害程度。该过程实质上是一个动态平衡过程，其变化是通过时间与空间、数量与质量具体表现的。因此，土地退化的含义是相对的，具有空间和时间约束性，受自然环境条件的限制，各地土地退化形式、主导因素有差异。土地退化是随时间演替的过程，不同时间段土壤退化会处于不同发展阶段。土地退化既是一个过程又是一个结果。一般而言，不利的自然环境因素和人为利用不当引起的土地退化，其内涵主要体现在数量减少和质量降低两个方面，两者主要特征如表 2-1 所示。

表 2-1　土地退化的内涵及特征

土地退化内涵	土地退化特征
数量减少	表土丧失
	土体损坏
	土地被非农业占用
质量降低	物理质量降低
	化学质量降低
	生物质量降低

二、土地退化与土壤退化的关系

土地与土壤是两个不同的概念。土地是自然经济综合体，是由气候、地貌、土壤、水文、地质以及人类过去和现在活动的种种结果组成的土地生态系统；土壤是发育于地球陆地表面能够生长植物的疏松多孔结构表层，是由风化产物经生物改造作用形成的具有肥力的薄的疏松物质层，是一个独立的自然体（黄昌勇，2000）。

土地与土壤含义不同，土地的含义要比土壤广泛得多。土地是宏观的自然综合体概念，更多地强调土地属性，如地表形态（山地、丘陵等）、植被覆盖（林地、草地、荒漠等）、水分（河流、湖沼等）和土壤（土被）。土壤只是土地表层的附属物，是土地的一个组成部分，是土地的主要自然属性，是土地中与植物生长密不可分的那部分自然条件。对于植物生长来说，土壤无疑是土地的核心（关连珠，2016）。

一直以来，国际上对土地退化和土壤退化的概念与二者关系争论不休，有人用"土壤退化"一词代替"土地退化"。有学者却对之持有异议，认为土壤尽管是土地的主体，但仅用土壤退化来代替土地退化是不够全面的，因为土地是由一定厚度的岩石、地貌、气候、水文及生物组成的自然综合体，其结构和功能远超出了土壤的概念范畴。因此，需要从不同学科观点去看待土地退化和土壤退化之间的密切关系（杜海平等，1999）。

土地退化从生态学角度来说就是植物生长条件的恶化和土地生产力的下降。土地退化的后果包括：陆地生态系统的平衡及生产力的破坏；自然景观及人类生存环境的破坏；通过水分和能量平衡与循环的交替演化，诱发区域乃至全球的土被破坏、水系萎缩、森林衰亡和气候变化。由于土壤是土地的核心，土地退化往往可落实到具体的土壤上，或者更确切地讲，土壤退化是土地退化最主要的表现形式（李天杰，1995）。

土地退化从系统论的观点来看，是人为因素和自然因素共同作用、相互叠加的结果。从土地退化的后果来看，土地退化主要对社会经济产生危害，包括对农业和人体健康的危害，对水利、交通和城镇设施的危害，从而造成地区贫困化。从土地退化防治角度，人们在接受了土地可持续利用思想的基础上，发挥社会的组织和管理职能，通过人类活动影响进而改变土地质量的变化方向，重建或恢复土地的生态环境。从实质上讲，土地退化的基本内涵与变化过程是通过土壤退化反映的，它包括土壤的侵蚀化、沙化、盐渍化、肥力贫瘠化、酸化、沼泽化及污染化等，也可概括为土壤的物理退化、化学退化和生物退化。这是近年来国际上常用"土壤退化"一词来代替"土地退化"的原因（郭晓娜等，2019）。

土壤退化作为土地退化中最集中的表现，是最基础且最重要的，具有生态环境连锁效应的退化现象（江泽慧，2011）。土壤退化是在不利的自然因素和人类对土地不合理利用的影响下，土壤的生产能力或土地利用和环境调控潜力下降，土地生态系统遭到破坏，土地质量和环境劣化，即土地质量及其可持续性下降（包括暂时性的和永久性的），最终导致土地的物理、化学和生物特征及土地生产能力持续下降甚至完全消失的过程（罗明等，2005）。土壤退化的标志，对于农业而言是土壤肥力和生产力的下降，对于环境而言是土壤质量的下降。因此，研究土壤退化的同时，应注意土壤的量（面积）与质（肥力）两方面的变化（吕贻忠等，2006）。

第二节　土地退化的分类

土地退化既是具有明显时空特征的过程，又是受多种因素作用的阶段性结果。土地退化有比较系统的发生、发展规律，土地退化分类就是要综合分析引起退化的各种因子和退化的表现形式，全面反映这些规律。虽然土地退化的划分是学界主要研究方向之一，但目前国际和国内还没有一个权威的分类体系。学者从不同视角与目标出发，建立了许多具有较大差别的分类体系，有助于人们对土地退化的深刻理解和认知。本节将介绍目前主要的分类体系。

一、基于土地退化主导因素的分类

土地退化是自然因素和人为因素共同作用又相互叠加的结果。破坏性的自然灾害及异常的成土因素（气候、母质、地形等）引起土地的自然退化过程（natural soil degradation），如侵蚀、沙化、盐渍化、酸化等。同时，人为活动（anthropogenic activities）在诸多方面也深刻地影响自然成土过程，改变土壤肥力及土壤质量的变化方向，影响土地生产力和生态服务价值。不仅人为活动占据了大量的土地资源，而且更危险的是人类盲目地开发利用土、水、气、生物等自然资源，如砍伐森林、草原，盲目农垦、过度放牧、陡坡种植等不合理农业耕作，造成土地退化和生态环境的恶性循环，加快了土地退化进程。

总之，人与自然相互作用的不和谐，是驱动土地退化及加剧退化的根本原因。因此，学者依据土地退化的主导因素，将土地退化分为潜在土地退化和实际土地退化两大类型，以便在土地资源评价和不同级别或尺度的国土空间规划与实施中应用。

1）潜在土地退化

潜在土地退化（potential land degradation）是指一个地区在气候、地形、母质和土壤等自然要素综合作用下产生的土地退化，主要反映这些自然要素对土地退化的敏感性，如黄土高原水土流失、南方土地酸化、西北地区土壤沙化等。

2）实际土地退化

实际土地退化（actual land degradation）是指人们利用土地，对土地施加了有利或不利影响后的土地退化。从本质上讲，实际土地退化着重考虑人们利用土地产生的效应，是对潜在土地退化的一种修正，如土壤压板、养分贫瘠化和灌溉造成土地盐渍化等。

潜在土地退化比较稳定，实际土地退化则相对易变，在土地评价过程中对潜在土地退化和实际土地退化概念不应同等对待。在国家层面上，国土调查评价规则更关注的是潜在土地退化；在县、乡、村及农业合作社层面，更关注实际土地退化，以便采取生产对策，及时予以校正或补救。

二、基于土地退化表现特征的分类

根据土地退化的表现形式，土地退化可分为显性退化和隐性退化两大类型。

1）显性（型）退化

显性退化（explicit degradation）过程（有些甚至是短暂的）可导致明显的退化结果，退化机理、过程、结果均表现直观。土地沙化、土地盐渍化、水土流失、土地损毁、土地贫瘠化、土地潜育化等均属于显性退化，其过程、危害及退化成因和机理均表现明显。

2）隐性（型）退化

隐性退化（invisible degradation）指有些退化过程虽然已经开始或已经进行了较长时间，但尚未导致明显不良结果的退化，土地退化的机理、过程、部位及特征均不明显，但事实上土地退化的确在发生。它是现代农田的主要退化类型，特征及危害性隐蔽，不易被觉察，如非湿热地区的土地酸化、土地污染、土内紧实化与压板、土内干燥化、缺素（中微量）、盐基饱和度（BS）及钙饱和度下降、生物势下降、连作障碍或果树忌地效应（化感）等。隐性退化是土地显性退化的前期，随着土地隐性退化的积累，必然造成损失更加明显的显性退化。例如，土地内部紧实化影响水分入渗，必将导致地面雨水直径形成径流，造成土壤流失；土壤盐基饱和度下降是土地大面积酸化的前提。

三、基于土地退化过程的分类

（一）国外土地退化分类

1971 年，联合国粮农组织（FAO）在《土壤退化》一书中将土壤退化因素分为十大类：侵蚀、盐碱、有机废料、传染性生物、工业无机废料、农药、放射性、重金属、肥料和洗涤剂。此外，有学者补充了旱涝障碍、土壤养分亏缺和耕地非农业占用三类（黄昌勇，2000）。

1981 年，"世界土壤政策"会议着重指出土壤肥力下降，物理性质恶化，工业、交通和住宅建筑占用农业地也属于土壤退化。联合国的分类中着重强调了工业化对土壤退化的影响（赵其国等，1981）。

1991 年，国际土壤参考与信息中心（ISRIC）在联合国粮农组织和联合国环境规划署的支持下，对全球范围内人为因素诱导的土壤退化状况进行了评估，通过评估工作对全球的土壤退化进行了分类。在这个分类系统中，所有的土壤退化形式被分为 5 个大类型：①水蚀（包括表土剥蚀、地体变形/块体运动、非原位影响、水库淤积、洪水泛滥、珊瑚礁与藻类破坏）；②风蚀（包括表土剥蚀、地体变形、沙尘）；③化学性质恶化（包括营养元素与有机质损失、盐化、酸化、污染、酸性硫酸盐土壤、富营养化）；④物理性质恶化（包括压实密闭与结壳、淹育化与潜育化、地下水位降低、有机土沉降、采矿和城市化及其他活动导致的土壤物理退化）；⑤土壤生物活动退化（吕贻忠等，2006）。

1995 年，联合国环境规划署全球监测系统及 ISRIC 把土地退化分为两大类：①风力和水力侵蚀作用造成的土壤物质转移；②土壤本身的物理作用及化学作用造成的土地退化（景可，1999）。

柯夫达（1981）从病理角度对土壤退化进行了诊断，指出了土壤退化典型的病态现象，并将其分为 7 类，分别是：①土壤和生态系统能量状况破坏（包括土壤生物生长量减少、土壤腐殖质减少、土壤衰竭或贫瘠）；②土层和土壤剖面破坏，天然土被消失（包括水蚀、风蚀、形成结皮或紧实层）；③土壤水分状况或土壤化学状况破坏（包括土壤干旱与沙漠化、山洪暴发、滑坡、土壤次生盐渍化、土壤酸化、土壤季节性干旱）；④建造水库造成的土壤破坏（包括河漫滩和一级阶地淹水、地下水上升和土壤积水、水库岸边浪蚀、三角洲土壤盐渍化、河口三角洲土壤冲刷消失、水库水污染与土壤盐渍化）；⑤土壤污染与化学毒害；⑥过冷与次生冻结；⑦战争对土壤的破坏。

（二）我国土地退化分类

20 世纪 80 年代以来，我国对土壤退化的研究较为活跃，提出了许多土壤退化的分类方案。有学者在借鉴国外土壤退化分类的基础上，提出将土壤退化分为三大类，分别是：①水土流失引起的土壤退化；②耕作施肥不当引起的土壤退化（包括土壤潜育化、土壤石灰化、土壤板结等）；③污染引起的土壤退化（包括土壤酸化、污灌污染、重金属污染等）（刘慧，1995）。

1981 年，赵其国等将土地退化分为 3 种类型，分别是土壤侵蚀、土壤性质恶化和非农业占地。其中，土壤侵蚀依据侵蚀动力分为水蚀、风蚀、沙化、重力侵蚀和冻融滑坡侵蚀 5 种类型；土壤性质恶化可分为以土壤次生盐渍化、土壤养分丧失、土壤污染等为代表的化学退化和以非水田地表渍水、土壤压实、结构破坏为代表的物理退化。1989 年，赵其国和龚子同在此基础上做了进一步补充，涉及土壤养分的贫瘠化、土壤板结以及林地和草场退化等项目和内容，强调和重视耕作、施肥引起的变化。

赵其国（1991）提出了三大土地退化分类，分别是土壤物理退化（土壤坚硬化、铁质化、侵蚀、沙化等）、土壤化学退化（酸化、碱化、肥力减退、化学污染等）、土壤生物退化（土壤有机质减少、动植物区系减少）。

中国科学院南京土壤研究所借鉴国外土地退化分类情况，根据我国实际情况将土壤退化分为两级，一级分为土壤侵蚀、土壤沙化、土壤盐化、土壤污染、土壤性质恶化、耕地非农业占用 6 个类型，在这 6 个一级分类基础上再依据土壤退化的成因，进一步分为 19 个二级子类，如表 2-2 所示（黄昌勇，2000）。

表 2-2　我国土壤退化的分类

一级	二级
A 土壤侵蚀	A_1 水蚀
	A_2 冻融侵蚀
	A_3 重力侵蚀

续表

一级	二级
B 土壤沙化	B_1 悬移风蚀
	B_2 推移风蚀
C 土壤盐化	C_1 盐渍化和次生盐渍化
	C_2 碱化
D 土壤污染	D_1 无机物（包括重金属和盐碱类）污染
	D_2 农药污染
	D_3 有机废物（工业及生物废弃物中生物易降解有机毒物）污染
	D_4 化学废料污染
	D_5 污泥、矿渣和粉煤灰污染
	D_6 放射性物质污染
	D_7 寄生虫、病原菌和病毒污染
E 土壤性质恶化	E_1 土壤板结
	E_2 土壤潜育化和次生潜育化
	E_3 土壤酸化
	E_4 土壤养分亏缺
F 耕地非农业占用	F_1 非农非粮化（属于耕地面积减少）

李天杰（1995）将土壤退化类型初步划分如下。①数量退化：具有现实农、林、牧生产力的土壤面积减少；②质量退化：土壤性质恶化、土壤肥力与环境质量下降。根据土壤退化的原因，将上述两类再进行划分，如图 2-1 所示。

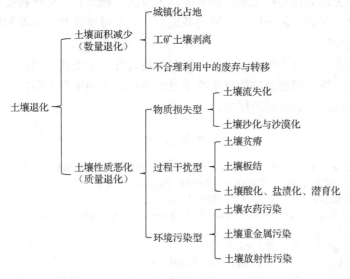

图 2-1 土壤退化分类

蔡运龙等（1999）将我国土地退化分为沙漠化、土壤侵蚀、土地污染、盐渍化、潜育化、耕地生产力下降、采矿迹地 7 大类；徐盛荣等（2007）将土地退化分为土地障碍型、土壤肥力衰退型和土壤污染型三大类。

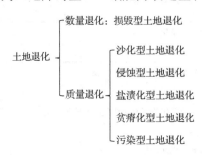

图 2-2　土地退化分类

我国地域辽阔，地质地貌和环境要素变化大，人口多，土地利用高度集约化，土地退化的类型极为复杂。本书根据土地退化的成因及特点，将我国土地退化分为沙化型土地退化、侵蚀型土地退化、盐渍化型土地退化、贫瘠化型土地退化、污染型土地退化、损毁型土地退化 6 大类（图 2-2）。各类土地退化的定义如下。

沙化型土地退化是指在各种气候条件下，各种因素形成的地表呈现以沙（砾）物质为主要特征的过程和现象。

侵蚀型土地退化是指在水力、风力、冻融、重力等自然营力和人类活动作用下，土壤或其他地面组成物被破坏、剥蚀、搬运和沉积的过程和现象。

盐渍化型土地退化是指可溶盐类在土壤中特别是土壤表层中，累积和（或）土壤胶体吸附大量交换性钠而导致土地生物生产力下降和破坏的过程和现象。

贫瘠化型土地退化是指土壤环境及土壤物理、化学、生物性质恶化的综合过程和现象，其中土壤养分亏缺、土壤板结是土地贫瘠化的主体。

污染型土地退化是指土地受到采矿、工业废弃物或农用化学物质侵入，土壤原有的理化性状恶化，土地生产潜力减退、产品质量恶化并对人类和动植物造成危害的过程和现象。

损毁型土地退化是指由于采矿、工业和建设等活动挖损、塌陷和压占，土地表面或表层土壤的形态或物理化学性质发生变化，土地生产力降低、生态功能丧失，难以继续利用的过程和现象。

参 考 文 献

蔡运龙, 蒙吉军, 1999. 退化土地的生态重建: 社会工程途径[J]. 地理科学, 19(3): 7-13.

杜海平, 詹长根, 李兴林, 1999. 现代地籍理论与实践[M]. 深圳: 海天出版社.

关连珠, 2016. 普通土壤学[M]. 2 版. 北京: 中国农业大学出版社.

郭晓娜, 陈睿山, 李强, 等, 2019. 土地退化过程、机制与影响——以土地退化与恢复专题评估报告为基础[J]. 生态学报, 39(17): 6567-6575.

黄昌勇, 2000. 土壤学[M]. 北京: 中国农业出版社.

江泽慧, 2011. 土地退化防治技术与模式[M]. 北京: 中国林业出版社.

景可, 1999. 土地退化、荒漠化及土壤侵蚀的辨识与关系[J]. 中国水土保持, (2): 29-30.

柯夫达, 1981. 土壤学原理[M]. 陆宝树, 周礼恺, 吴珊眉, 等, 译. 北京: 科学出版社.

李博, 1997. 中国北方草地退化及其防治对策[J]. 中国农业科学, 30(6): 2-10.

李天杰, 1995. 土壤环境学: 土壤环境污染防治与土壤生态保护[M]. 北京: 高等教育出版社.

刘慧, 1995. 我国土地退化类型与特点及防治对策[J]. 自然资源, (4): 26-32.

罗明, 龙花楼, 2005. 土地退化研究综述[J]. 生态环境, 14(2): 7.

吕贻忠, 李保国, 2006. 土壤学[M]. 北京: 中国农业出版社.

徐盛荣, 吴姗眉, 2007. 土壤科学研究五十年[M]. 北京: 中国农业出版社.

于伟, 吴次芳, 2001. 土地退化与土地养护[J]. 中国农村经济, (5): 67-71.

赵其国, 1991. 土壤退化及其防治[J]. 土壤, 23(2): 57-60.

赵其国, 龚子同, 1989. 土壤地理研究法[M]. 北京: 科学出版社.

赵其国, 朱显谟, 1981. "世界土壤政策"会议简况[J]. 土壤, 13(4): 155-159.

左大康, 1990. 现代地理学辞典[M]. 北京: 商务印书馆.

JOHNSON D L, LEWIS L A, 1995. Land Degradation: Creation and Destruction[M]. Cambridge: Blackwell Publishing.

STEWART B A, LAL R, DE CONINCK F, et al., 1990. Advances in Soil Science: Soil Degradation[M]. New York: Springer-Verlag.

第三章　土地退化成因及危害

我国土地退化类型复杂、分布范围广泛,是自然因素和人为因素共同作用的结果。自然因素包括风蚀、水蚀、盐碱、鼠害、气候暖干化等,人为因素主要包括滥开垦、滥放牧、非法挖采、水资源利用不当、不合理耕种、无序旅游开发和大兴土木工程等。大量研究表明,气候的暖干化和不合理的人类活动是引起土地退化的两类重要因素。

我国是全球土地退化面积较大、分布较广、危害较为严重的国家之一。过去几十年,随着人类活动的日益频繁,土地退化范围大和程度严重,带来的负面影响包括有效林草场面积减缩、生态功能降低、大面积侵蚀型土地退化、地下水过度开采、自然灾害频发、农业成本增加及造成经济损失等。这些因素加剧生态环境恶化,既危害人类健康又制约区域经济的发展,严重影响了人类生活和社会和谐安定。例如,黄河源区和青藏高原湿地的重要组成——若尔盖湿地,由于自然环境和不合理人类活动的影响,已出现湿地萎缩、草场退化、沙地增加等一系列严重的生态环境问题,对当地生态环境安全产生了极大的威胁。因此,土地退化不仅是一个资源退化问题,还是一个生态安全问题。

第一节　沙化型土地退化

一、沙化型土地退化概况

沙化型土地退化是在各种气候条件下,多种因素导致地表呈现以沙(砾)物质为主要特征的土地退化现象(图 3-1)。我国第六次荒漠化和沙化土地监测调查结果显示,截至 2019 年,我国沙化土地总面积达 168.78 万 km^2,占国土总面积的 17.58%。我国沙化土地主要分布在北方干旱区和青藏高原,黄淮海平原及长江以南的沿海、沿河、沿湖地区多呈零星分布。轻度沙化土地面积达 30.85 万 km^2,占全国沙化土地总面积的 18.28%;中度沙化土地面积达 32.78 万 km^2,占全国沙化土地总面积的 19.42%;重度沙化土地面积达 36.24 万 km^2,占全国沙化土地总面积的 21.47%;极重度沙化土地面积达 68.92 万 km^2,占全国沙化土地总面积的 40.83%。

图 3-1　沙化型土地退化景观

我国沙化土地主要分布在新疆、内蒙古、西藏、青海、甘肃，上述 5 个省（自治区）沙化土地面积达 159.88 万 km²，占全国沙化土地总面积的 94.73%；其他省（自治区、直辖市）沙化土地分布较少，面积为 8.90 万 km²，仅占全国沙化土地总面积的 5.27%。新疆、内蒙古、甘肃沙化土地面积占本省（自治区）总面积的比例较高。其中，新疆沙化土地面积达 74.68 万 km²，内蒙古沙化土地面积达 39.82 万 km²，甘肃沙化土地面积达 12.07 万 km²，分别占本省（自治区）总面积的 44.86%、33.66% 和 28.34%（昝国盛等，2023）。

第六次全国荒漠化和沙化土地监测调查结果显示，截至 2019 年，全国流动沙地（丘）面积为 39.23 万 km²，占全国沙化土地总面积的 23.24%；半固定沙地（丘）面积为 14.69 万 km²，占全国沙化土地总面积的 8.70%；固定沙地（丘）面积为 39.61 万 km²，占全国沙化土地总面积的 23.47%；沙化耕地面积为 3.98 万 km²，占全国沙化土地总面积的 2.36%；风蚀残丘（劣地）面积为 5.84 万 km²，占全国沙化土地总面积的 3.46%；戈壁面积为 65.42 万 km²，占全国沙化土地总面积的 38.76%；非生物治沙工程地面积为 0.01 万 km²，占全国沙化土地总面积的 0.01%。有植被覆盖的沙化土地面积达 123.25 万 km²，占全国沙化土地总面积的 73.02%，植被覆盖以草本和灌木为主。植被覆盖为草本型的沙化土地面积为 72.50 万 km²，植被覆盖为灌木型、灌草型的沙化土地面积达 44.65 万 km²，基本无植被覆盖（植被覆盖度＜5%）的土地退化现象面积达 41.55 万 km²，其他覆盖类型（乔木型、乔草型、乔灌型、乔灌草型和耕地）面积达 10.08 万 km²，分别占全国沙化土地总面积的 42.96%、26.45%、24.62%、5.97%。从植被覆盖度上看，沙化土地上的平均植被覆盖度为 20.22%。其中，植被覆盖度小于 10% 的沙化土地面积达 66.74 万 km²，占全国沙化土地总面积的 39.54%；植被覆盖度在 10%～29% 的沙化土地面积达 42.97 万 km²，占全国沙化土地总面积的 25.46%；植被覆盖度在 30%～49%

的沙化土地面积达 35.15 万 km²，占全国沙化土地总面积的 20.82%；植被覆盖度在 50%以上的沙化土地面积达 19.95 万 km²，占全国沙化土地总面积的 11.82%；沙化耕地面积达 3.99 万 km²，占全国沙化土地总面积的 2.36%，未纳入覆盖度统计。

我国沙化土地主要包括以下五个类型区。

（1）干旱沙漠边缘及绿洲类型区：主体位于贺兰山以西，祁连山、阿尔金山和昆仑山以北，行政范围包括新疆大部、内蒙古西部及甘肃河西走廊等地区的 122个县（市、区、旗）。区域沙化土地面积为 108.4 万 km²，其中可治理沙化土地面积 17.16 万 km²。分布有塔克拉玛干、古尔班通古特、库木塔格、巴丹吉林、腾格里、乌兰布和、库布齐七大沙漠。

（2）半干旱沙化土地类型区：位于贺兰山以东、长城沿线以北及东北平原西部地区，区内分布有浑善达克、呼伦贝尔、科尔沁和毛乌素四大沙地。行政范围包括北京、天津、河北、山西、内蒙古、辽宁、吉林、黑龙江、陕西、甘肃和宁夏等省（自治区、直辖市）部分地区，共计 193 个县（市、区、旗）。区域沙化土地面积 25.95 万 km²，其中可治理沙化土地面积 24.34 万 km²。

（3）高原高寒沙化土地类型区：位于青藏高原高寒地带，行政范围包括西藏、青海、四川、甘肃等省（自治区）的 120 个县（市、区）。区域沙化土地面积 34.94万 km²，其中可治理沙化土地面积 6.93 万 km²。本区域多数地区海拔在 3000m 以上，沙化土地主要分布于柴达木盆地、共和盆地和江河源头、川西北地区、澜沧江、金沙江、怒江及雅鲁藏布江中游河谷等地区。

（4）黄淮海平原半湿润、湿润沙化土地类型区：主体包括太行山以东、燕山以南、淮河以北的黄淮海平原地区，行政范围涉及北京、天津、河北、山东、河南、安徽、江苏等省（直辖市）的 220 个县（市、区）。区域沙化土地面积 2.95万 km²，全部为可治理沙化土地。沙化土地主要由河流改道或河流泛滥形成，其中以黄河故道和黄泛区的沙化土地分布面积最大。

（5）南方湿润沙化土地类型区：包括秦岭、淮河以南的华东、华中、华南及西南广大地区，行政范围包括浙江、福建、江西、湖南、湖北、广东、广西、海南、贵州、云南、四川、重庆等省（自治区、直辖市）的 250 个县（市、区）。区域沙化土地面积 0.88 万 km²，均为可治理沙化土地。

二、沙化型土地退化成因

沙化型土地退化的原因包括自然因素和人为因素。自然因素主要与气候干燥、植物疏密状况和风蚀强弱等生物气候特征有关，还与地形、地貌特点及地面物质来源有密切关系。干旱多风的气候和大量疏松的砂质地面是产生沙化的物质基础，风是形成沙化的最主要动力因素。人为因素主要与人类活动的开荒、乱砍滥伐和水资源不合理利用等有关（周健民等，2013）。

（一）沙化型土地退化形成的自然因素

1. 疏松的沙质地面是产生沙化的物质基础

我国沙漠、沙地广布，且沙化土地以风沙地貌为主体。黄土高原沙漠区土壤主要为轻壤质和沙壤质土，其中粉砂、细砂、中砂含量丰富，黏结力弱，造成沙化土壤分布广、程度大。黄土高原土壤质地相对粗化，且黄土层中夹有沙层，当其因为某种原因露出时，自然为沙漠化提供了丰富的物质基础。沙地和沙漠区生态环境的恶化，使沙漠化土地以不同的等级类型不连续地散布在整个黄土高原及其相邻地区，这进一步直接导致了黄土高原沙尘天气增多和生态环境的恶化。黄土高原沙漠区地层在沙漠区广泛分布，土质结构疏松，极易被流水和风力搬运，形成流沙。各种第四系沉积物均具明显沙性，松散沙层经风力搬运，形成易动流沙。根据形成时代、胶结程度，分别为古生代、中生代、第三纪基岩类和第四纪松散沉积物，这类地表物质，除古生代岩石外，其他含有丰富的沙源，为本区形成沙化型土地退化提供了物质条件。

2. 水文条件

地表土壤水分含量是影响风力侵蚀的重要因素，土壤越干燥越容易引起风蚀，土壤干燥度与降水、温度有关。黄河源区土壤干燥度与地形和海拔高度有密切关系。黄河源区的宽谷湖盆地貌分布区干燥度较大，一般大于1.5。黄河源区四周山地随着海拔高度的增加，干燥度逐渐减小。沿黄河及主要支流的河谷湖盆地带干燥度较大。分析沙漠化现状与干燥度的空间相关性，结果表明沙漠化土地的空间分布与干燥度具有较好的空间对应性和一致性，沙漠化土地基本上分布于干燥度大于1.5的空间区域。说明黄河源区沙漠的强烈发展与该地区的土壤干燥度密不可分，随着土壤干燥度的增加，土壤抗蚀能力减弱，土壤风蚀程度从而急剧增加。

3. 气候变化

有关研究表明，近百年来全球气候变化最突出的特征是温度显著升高。我国近百年来的温度变化与世界的平均情况基本相似。根据有关研究资料，1951～1999年我国北方地区最低气温显著升高，暖冬年份连续出现，有明显的干旱化趋势；20世纪70年代干旱化趋势开始加快。沙化型土地退化主要是风蚀和风力堆积过程。在沙漠周边地区，由于植被破坏、草地过度放牧或开垦为农田，土壤失水而变得干燥，土粒分散，被风吹蚀，细颗粒含量降低；在风力过后或减弱的地段，风沙颗粒逐渐堆积于土壤表层而产生沙化型土地退化。相关研究结果表明，沙化面积变化与年大风日数具有极显著正相关关系，表明年大风日数对沙化面积的增加具有正向促进作用；沙化面积与年平均风速显著负相关，表明年平均风速对沙化面积的蔓延具有一定的缓解作用（朱子政等，2014）。

我国沙化土地集中分布的西北地区，由于深居大陆腹地，是全球同纬度地区降水量最少、蒸发量最大、最为干旱的地带。气候变暖、降水减少加剧了该区气候和土壤的干旱化，这使得该区的植被覆盖度降低，土壤结构变得更加松散，加速了土地的沙化。另外，气候增暖、持续干旱，给各种水资源（冰川、湖泊、河流等）带来严重的影响，使冰川退缩、河流水量减少或断流、湖泊萎缩或干涸，地下水位下降。大面积的植被因缺水而死亡，失去了保护地表土壤功能，加速了河道及其两侧沙化土地的扩张及沙漠边缘沙丘的活动，使沙化面积不断扩大。

（二）沙化型土地退化形成的人为因素

1. 大面积开荒

在荒漠化相对集中的西部地区，曾经有大量草地和林地被开垦为耕地。1995～2000 年，因开垦草地增加的耕地面积占 69.5%，因开垦林地增加的耕地面积占22.4%。该区属干旱、半干旱地区，草地和林地被开垦为耕地后，在农闲季节土壤失去了植被的保护，加之技术、社会经济条件限制，造成沙地面积增加。

2. 过度放牧

1996 年，西北地区超载放牧严重，其中新疆、广西、宁夏、内蒙古超载率较高，分别达到了 121%、81%、72% 及 66%。以内蒙古自治区为例，每只羊拥有的草场面积从 20 世纪 50 年代的 3.3hm^2，减少到 80 年代的 0.87hm^2，2002 年仅为0.42hm^2。过度放牧造成了对草地地表的过度践踏，地表土壤结构破坏严重，经风吹蚀，大量出现风蚀缺口，放牧越多的草地，土壤裸露得越多，形成的荒漠化面积也越大（李芹芳等，2019）。

3. 滥挖滥伐

据生态环境部自然生态保护司调查，1987～1997 年，其他省（自治区）进入内蒙古的"搂发菜大军"累计高达 190 万人次。"搂发菜大军"涉足的草场面积约为 2.2 亿亩（1 亩≈666.67m^2），遍布内蒙古中西部乌兰察布市、锡林郭勒盟等五个盟（市）。1.9 亿亩的草场遭到严重破坏，约占内蒙古全部草原面积的 18%，有相当一部分处于沙化的过程中，其中约 0.6 亿亩的草场被完全破坏且已沙化。由于 1.9 亿亩草场遭到严重破坏而不能放牧，被迫到其他草场超载放牧的面积要远远大于1.9 亿亩，草原负担过重，加速了沙漠化的扩展。

4. 水资源利用不合理

西部地区农业灌溉占比大，农业、林业用地面积持续增加，导致水资源需求量增长，水资源短缺矛盾加剧，特别是造成下游地区水资源匮乏。加之该区对地下水的持续超采利用，导致西部地区地下水位不断下降，如陕西关中地区各水源地年均地下水位下降速率达 2m 以上。地下水位下降直接引起地表植被衰亡，加快沙化型土地退化。根据相关研究结果，在干旱、半干旱地区要维护其生态环境，地下水埋深维持在 2～4m 较为合适，否则不能满足天然植物正常用水。例如，塔里木河流域 1972 年英苏断面以下 246km 长的塔里木河断流，阿拉干以南地下水位由 20 世纪 50 年代的 3～5m 下降至 70 年代的 6～11m，超过了植物赖以生存的地下水位埋深线，此处森林已失去再生能力，幼苗无法生长，幼树成片死亡。地表植被衰亡加速了土地的沙化。塔里木河流域下游从 1958 年到 1993 年，流动沙丘面积从占土地总面积的 44.34%上升为 64.47%，强度和极强度沙漠化土地面积增加了 3.12%和 3.56%。

三、沙化型土地退化危害

1. 可利用土地资源减少

20 世纪 50 年代至 2009 年，我国已有 67 万 hm^2 耕地、235 万 hm^2 草地和 639 万 hm^2 林地变成了沙地。内蒙古乌兰察布市后山地区和阿拉善地区、新疆塔里木河下游、青海柴达木盆地、河北坝上地区和西藏那曲地区等地，沙化地区增加 4% 以上。由于风沙紧逼，曾经成千上万的牧民被迫迁往他乡。国家林业和草原局的资料显示，20 世纪末，沙化面积每年以 $3436km^2$ 的速度扩展，每 5 年就有一个相当于北京市行政区划大小的国土面积因沙化而失去利用价值，我国受沙漠化影响的人口达 1.7 亿。

2. 土地生产力严重衰退，农业产量降低

土壤风蚀不仅是沙漠化的主要组成部分，而且是首要环节。风蚀会造成土壤中有机质和细粒物质的流失，导致土壤粗化，肥力下降。据采样分析，在毛乌素沙地，每年土壤被吹失 5～7cm，每公顷土地损失有机质 7700kg，氮素 387kg，磷素 549kg，粒径小于 0.01mm 的物理黏粒 3.9 万 kg。中国科学院测算，截至 2009 年，沙漠化致使我国每年损失土壤有机质及氮、磷、钾等达 5590 万 t，折合化肥 2.7 亿 t，相当于 1996 年我国农用化肥产量的 9.5 倍。

3. 自然灾害加剧

自然灾害是最能让人类产生直接感受的危害。例如，沙尘暴频繁会制约经济发展，加深贫困程度，严重影响社会稳定，给国民经济和社会发展造成了极大的危害。

4. 危害河流、交通运输

在长达 700km 的黄河中游干流河道，每年由于沙丘移动，直接吹入黄河的流沙近 500 万 t，加上水蚀入河泥沙，使黄河中下游河段每年平均淤高 10cm，有的河段已高出地面 3～10cm，成为一条地上"悬河"，给两岸人民的生命财产带来严重威胁。同时，有众多水库和大批渠道也遭受风沙侵袭。土壤沙化危害正常的交通运输，风沙使路基遭到吹蚀和埋压。我国"三北"地区每年有六百多千米的铁路和许多公路受到风沙侵袭的埋压。

5. 污染环境，使大气环境恶化

土壤大面积沙化，使风挟带大量沙尘在近地面大气中运移，极易形成沙尘暴，甚至黑风暴。20 世纪 30 年代的美国和 60 年代的苏联均发生过强烈的黑风暴。70 年代以来，新疆发生过多次黑风暴。据统计，我国 50 年代发生特大沙尘暴 5 次，60 年代为 8 次，70 年代为 13 次，80 年代为 14 次，90 年代为 23 次，沙尘暴的出现有频率加快、间隔更短、强度加大的趋势。21 世纪初期，沙尘暴出现得更加频繁，我国气象局历史资料统计显示，2000～2010 年平均每年出现沙尘天气过程15.73 次。它不仅使大气混浊，妨碍人类生产活动，同时石英、微量元素、盐分等组成的沙尘物质还严重污染空气、饮用水、食物，对人畜健康与机器、仪表造成直接损害。

第二节　侵蚀型土地退化

一、侵蚀型土地退化概况

侵蚀型土地退化主要表现在水力、风力、冻融、重力等自然营力和人类活动作用下，土壤或其他地面组成物质被破坏、剥蚀、搬运和沉积。我国是世界侵蚀型土地退化最严重的国家之一，具有分布广、面积大、类型多、成因复杂等特点。根据产生侵蚀型土地退化的"动力"，可分为水力侵蚀、重力侵蚀和风力侵蚀三种类型（图3-2）。我国侵蚀型土地退化地区主要集中在黄土高原、长江中上游丘陵及东北平原地区。我国每年流失的土壤为 80 亿～120 亿 t，相当于毁坏 1.6 万～

2.4 万 km² 肥沃的土地，流失的土壤相当于在耕地上剥去 1cm 厚的土层，已成为我国农业持续发展的严重制约因素。

图 3-2 侵蚀型土地退化景观

水力侵蚀、重力侵蚀和风力侵蚀这三种类型的侵蚀型土地退化具体表现如下。

（1）水力侵蚀分布最广泛，在山区、丘陵区和一切有坡度的地面，暴雨时都会产生水力侵蚀。它的特点是以地面的水为动力冲走土壤，如黄土高原。

（2）重力侵蚀主要分布在山区、丘陵区的沟壑和陡坡上，在陡坡和沟的两岸沟壁，其中一部分下部被水流淘空，由于土壤及其成土母质自身的重力作用，不能继续保留在原来的位置，分散或成片地塌落。

（3）风力侵蚀主要分布在我国西北、华北和东北的沙漠、沙地和丘陵盖沙地区，其次是东南沿海沙地，再次是河南、安徽、江苏几省的"黄泛区"（历史上黄河决口改道带出泥沙形成）。它的特点是风力扬起沙粒，离开原来的位置，随风飘浮到另外的地方降落，如河西走廊和黄土高原。

此外，侵蚀类型还可以分为冻融侵蚀、冰川侵蚀、混合侵蚀、植物侵蚀和化学侵蚀。

全国水土流失动态监测结果显示，截至 2022 年，全国侵蚀型土地退化面积（水土流失面积）降至 265.34 万 km²，较 2021 年减少 2.08 万 km²，减幅 0.78%。从侵蚀类型上看，侵蚀类型以水力侵蚀和风力侵蚀为主，水力侵蚀呈明显流域分布，风力侵蚀呈明显区域分布，大江大河上中游地区特别是长江上游和黄河中游，水力侵蚀尤为集中。水力侵蚀、风力侵蚀面积分别为 109.06 万 km²、156.28 万 km²，分别占侵蚀型土地退化总面积的 41.10%、58.90%。从总体格局看，西部地区侵蚀型土地退化面积为 223.35 万 km²，中部地区和东部地区侵蚀型土地退化面积分别为 28.39 万 km² 和 13.60 万 km²。

我国侵蚀型土地退化持续呈现面积、强度"双下降"和水蚀、风蚀"双减少"的良好态势,水土保持率从 2011 年的 68.88%提高至 2022 年的 72.26%,中度及以上侵蚀面积占比由 53.08%降至 35.28%。西北黄土高原侵蚀型土地退化面积占侵蚀重点区域总面积比例最高,为 36.56%。东北黑土区 70%的侵蚀型土地退化来自耕地,西南石漠化地区的强烈及以上侵蚀型土地退化面积占比达 14.72%。国家级重点治理区侵蚀型土地退化面积减幅明显高于其他区域。国家级水土流失重点防治区共涉及 1090 个县级行政区,2021 年 40 个国家级水土流失重点防治区侵蚀型土地退化面积年际减幅为 0.74%。其中,国家级水土流失重点治理区减幅达1.33%,是全国平均减幅的 1.71 倍,侵蚀型土地退化重点治理及生态保护修复效果明显。此外,25 个国家重点生态功能区侵蚀型土地退化面积均有所下降。国家级水土流失重点预防区侵蚀型土地退化面积也继续下降,年际减幅为 0.81%,生态修复效果明显。

与 2011 年第一次全国水利普查结果相比,2021 年京津冀地区、长江经济带、西北黄土高原侵蚀型土地退化(水土流失)面积分别减少 16%、13%、13%,水土流失状况明显改善。大江大河流域侵蚀型土地退化状况连年持续改善,长江、黄河、淮河、海河、珠江、松花江、辽河流域面积占国土面积的 46%,侵蚀型土地退化面积为 94.75 万 km²。长江、黄河、淮河(片)、海河、珠江、松辽(片)、太湖和西南诸河等大江大河流域侵蚀型土地退化面积减幅均高于全国整体减幅,各流域侵蚀型土地退化强度均以中轻度为主。其中,淮河流域减幅最大,为 2.71%;西南诸河流域减幅最小,为 0.68%。各流域中,长江流域侵蚀型土地退化面积仍然最大,为 33.26 万 km²,占全国侵蚀型土地退化面积的 12.44%,占流域面积的18.57%;黄河流域水土流失面积占流域面积的比例、中度及以上等级面积占比均为各流域最高,水土流失面积为 25.93 万 km²,占流域面积的 32.63%,流域水土流失面积中 34%为中度及以上等级。

二、侵蚀型土地退化成因

我国侵蚀型土地退化形成的主要原因分为自然因素和人为因素(贾爱冬等,2014)。

(一)侵蚀型土地退化形成的自然因素

1. 土壤自身抗蚀性差

我国侵蚀型土地退化最严重的黄土高原地区,主要地表组成物质为黄土,深厚的黄土土层有其明显的垂直节理性,遇水易崩解,抗冲、抗蚀性能很弱,沟道崩塌、滑塌、泻溜等重力侵蚀异常活跃。该地区大面积严重的侵蚀型土地退化与黄土的深厚松软直接相关。从南到北黄土颗粒逐渐变粗，黏结度逐渐减小，黄土高原地区的土壤侵蚀模数从南向北逐渐加大。

2. 气候与天气

我国大部分区域为温带季风性气候，该气候降水和干旱分化现象较为严重，导致洪涝现象十分频繁。在此背景下，部分植被覆盖面积较少的区域便会发生水资源下渗、地表水汇合的现象，从而造成水土松动，进而形成侵蚀型土地退化。此外，在部分干旱频发区域，土壤干裂导致的风蚀现象也是形成侵蚀型土地退化的重要成因，还有地面坡度大、土地利用不当、地面植被遭破坏、耕作技术不合理、土质松散、滥伐森林、过度放牧等。

3. 地势与地质

许多实测结果证明，土地侵蚀历史与坡度之间具有极为密切的关系，坡度越大，侵蚀型土地退化量越多。自然界中形成的斜坡坡面经常是不平坦的，小地形的变化制约着侵蚀型土地退化。不仅是封闭的小地形可以直接蓄存地表径流，而且小地形的微细变化左右着坡面上地表径流的集中或分散，也是制约侵蚀型土地退化的因素。地形中各个因素都与侵蚀型土地退化有密切的关系，但所有地形因素都是地面起伏不平引起的，所以在地形因素中坡度是最基本的因素，也是最主要的因素。

当地面具有一定坡度时，坡长越长，汇流的径流量越大，流速越大，从而侵蚀型土地退化越严重。天水水土保持科学试验站小区测定资料表明，在相同的坡度下，坡长为40m的坡耕地比坡长为10m的坡耕地土壤流失量大41.6%；绥德水土保持科学试验站在一次较大的暴雨中，坡长为60m的坡耕地比坡长为10m的坡耕地的土壤流失量大94%。同时，土壤流失量总是受其他因素的影响，不能形成有规律的相关关系，尤其是雨量较大、坡度较缓的坡地上土壤吸水力较强时，随坡长的增加，径流量和流失量反而减少，形成"径流退化现象"（郭树学，2012）。

（二）侵蚀型土地退化形成的人为因素

人为因素是导致侵蚀型土地退化发生的重要因素之一。随着我国经济的不断发展，人们在追求经济效益最大化的同时，忽略了对生态环境的保护，人类对土地的不合理的利用，破坏了地面植被和稳定的地形，主要表现为植被的破坏、不合理的耕作制度、开矿等导致土壤难以抵挡大风、大雨的侵蚀，进而发生侵蚀型土地退化现象。

三、侵蚀型土地退化危害

侵蚀型土地退化危害主要表现在以下四个方面。

（1）土地退化，毁坏耕地，威胁国家粮食安全。我国侵蚀型土地退化面积已扩大到 150 万 km^2，每年流失土壤约 50 亿 t。土壤中流失的氮、磷、钾估计达 4000 万 t，与我国 2009 年的化肥施用量基本相当，折合经济损失达 24 亿元。长江、黄河两大水系每年流失的泥沙量达 26 亿 t，其中含有的肥料，约为年产量 50 万 t 的化肥厂的总量。大片肥沃的土壤和氮、磷、钾被冲走，必然造成土地生产力的下降甚至完全丧失。2010 年，根据"中国水土流失与生态安全综合科学考察"取得的数据进行测算，按当时的流失速度，50 年后东北黑土区 1400 万亩耕地的黑土层将流失殆尽，贫瘠化型土地退化，粮食产量将降低 40%左右；35 年后西南岩溶区的石漠化面积将再翻一番，届时将有近 1 亿人口失去赖以生存和发展的土地（孙鸿烈，2011）。

（2）江河湖库淤积，加剧洪涝灾害，对我国防洪安全构成巨大威胁。1950～1999 年，黄河下游河道淤积泥沙 92 亿 t，致使河床普遍抬高 2～4m；辽河干流下游部分河床已高于地平面 1～2m，成为了地上悬河；我国 8 万多座水库年均淤积 16.24 亿 m^3；洞庭湖年均淤积泥沙 0.98 亿 m^3，从而导致调蓄能力下降（鄂竟平，2018）。

（3）恶化人居生存环境，加剧贫困，成为山丘区经济社会发展的重要制约因素。侵蚀型土地退化与贫困互为因果，相互影响。经济最贫困地区往往也是侵蚀型土地退化最严重的地区。2008 年，我国 76%的贫困县和 74%的贫困人口生活在侵蚀型土地退化区。赣南 15 个区县中，侵蚀型土地退化严重县有 10 个；陕北地区全部为侵蚀型土地退化严重县（区）；太行山地区的县（区）中，侵蚀型土地退化严重县达 33 个。此外，我国西南、西北许多少数民族区为侵蚀型土地退化严重区。贵州铜仁和黔西南布依族苗族自治州的 11 个民族县全部为侵蚀型土地退化严重县。甘肃临夏回族自治州的 7 个民族县，全部为侵蚀型土地退化严重县（孙鸿烈，2011）。

（4）削弱生态系统的调节功能，加重旱灾损失和水体污染，对我国生态安全和饮水安全构成严重威胁。侵蚀型土地退化加剧，导致绿色生态失衡，旱涝频繁且日趋剧烈。此外，我国的环境问题还有江、河、湖（水库）水质污染，侵蚀型土地退化是地表水质污染的一个重要原因，典型例子是长江水质污染。

第三节 盐渍化型土地退化

一、盐渍化型土地退化概况

盐渍化型土地退化主要表现在可溶盐类在土壤中,特别是在土壤表层累积和(或)土壤胶体吸附大量交换性钠,土地生物生产力下降和破坏引起土地退化(图 3-3)。我国盐碱荒地面积约 6.67 万 km²,其中盐碱耕地面积 1 亿亩(原农业部组织的第二次全国土壤普查资料统计,在不包括滨海滩涂盐渍化土壤的前提下,我国盐渍土面积约 5.5 亿亩,其中具有农业利用前景的盐碱土资源 2 亿亩,近期具有农业改良利用潜力的约 1 亿亩)。按盐渍化型土地退化过程的特点,可将盐渍土分为现代盐渍土、残余盐渍土和潜在盐渍土。1949 年以来,通过合理灌排、种稻压碱、种耐盐作物和绿肥牧草、增施有机肥、合理耕作、配合施用化学改良剂等措施,约有一半盐碱地得到了一定的改良,但在一些地区次生盐渍化仍在发展。我国灌溉导致的土地盐渍化面积仅次于印度,位列世界第二位,约占灌溉地总面积的 15%。内蒙古河套地区由于灌排严重失调,次生盐碱地发展势头明显,新疆、黑龙江松嫩平原西部、引黄灌区盐渍化也有发展趋势。

图 3-3 盐渍化型土地退化景观

土壤盐渍化是全球农业生产和粮食安全面临的主要挑战。我国作为受土壤盐渍化危害最严重的国家之一,盐渍化土地面积约占全国中低产田面积的 13.7%。我国干旱半干旱地区的土壤盐渍化问题尤为突出,如西北旱区盐渍化耕地面积约占耕地面积的 15%,新疆被称为"世界盐碱地博物馆",其盐渍化耕地面积约为 2.33 万 km²,占耕地面积的 37.7%。我国受盐碱胁迫的农田面积大、类型多、分布广和危害重,并伴随着淡水资源短缺、水环境污染和生态环境脆弱等问题,直接影响着重要粮食、棉花、瓜果等农产品生产基地的可持续发展，威胁粮食安全（王全九等，2021）。

我国盐渍土分布于辽、吉、黑、冀、鲁、豫、晋、新、陕、甘、宁、青、苏、浙、皖、闽、粤、内蒙古、西藏等省（自治区）。按自然地理条件及土壤形成过程，划分为滨海湿润-半湿润海浸盐渍区、东北半湿润-半干旱草原-草甸盐渍区、黄淮海半湿润-半干旱旱作-草甸盐渍区、甘新漠境盐渍区、青海极漠境盐渍区、西藏高寒漠境盐渍区等 8 个分区，用于指导生产实践。

根据盐渍土分布粗略计算，我国现代盐渍土约占 37%，残余盐渍土约占 45%，潜在盐渍土约占 18%（王静爱等，2010）。现代盐渍土多分布在现代冲积平原、河谷平原、滨海平原、洪积三角洲、洪积冲积倾斜平原和湖积平原等地貌，目前河口三角洲和滨海平原仍在不断地向海洋延伸，现代盐渍土的面积有增无减。残余盐渍土（包括绝大部分含少量盐分的漠境土）主要分布于我国西北干旱地区，多出现在山前洪积-冲积平原、古老河床或湖成阶地等地貌上。潜在盐渍土主要分布在干旱地区具有底层盐化特征的一些土壤中和地下水位常处于防治土壤盐渍化临界深度以下的具有盐渍化威胁的平原地区。

二、盐渍化型土地退化成因

盐渍化是易溶性盐分在土壤表层积累的现象，干旱缺水和蒸发强烈是盐渍化的主要驱动力，干旱与半干旱地区耕地的盐渍化主要是人为不合理灌溉所致（王遵亲，1993）。其成因可分为自然因素和人为因素。

（一）盐渍化型土地退化形成的自然因素

1. 气候

土壤盐渍化过程是易溶性盐分在土壤表层逐步积累的过程，地表蒸发、入渗过程是盐分在土体中迁移运动的重要驱动力，直接控制着盐分在土体中的分布和存在状态。气候环境对土壤元素的迁移、聚集、转化有重要的作用，是土壤盐渍化形成的影响因素之一。干燥气候是发生土壤盐渍化的主要外界因子，干燥度与土壤的盐渍化关系十分密切。东北冻土期土壤冻结加剧了土壤盐渍化进程，在地温梯度影响下，土壤水从下向冻结锋面移动，盐分随之向上迁移。当地温梯度较大或地下水位较高时，水分和盐分的迁移量随之增大；当土壤含盐时，冻结深度相应减小，水盐被抬升靠近地表，是潜在盐演化的孕育期。

2. 成土母质

成土母质的类型对土壤盐渍化形成有很大的影响。由于河湖沉积物含有一定的水溶性盐类，在进入平缓或低洼地区沉积后，长期受到气候等自然作用，极易导致该地区形成盐渍化。我国华北和东北地区盐碱地主要分布在黄淮海平原、松嫩平原。大陆的风化物、海洋生物及物质也会形成海相沉积物，泥沙在河流入海口沉积逐渐形成陆地，海潮周期性地浸渍，大量的海生生物、盐分在土壤中聚集形成滨海盐碱土壤。

3. 地形和地貌

地形和地貌直接影响地表水和地下水的径流。从山麓到回流盆地，水盐运动大致可分为4种类型：山地为下渗-水平运动型，缓斜低平地多为上升、下渗-水平运动型，洼地多属下渗-上升交替、垂直运动型，洼地边缘也可能出现逆向水平-上升型。地表水和地下水径流途中，溶解了土壤和地层中盐分，加之蒸发浓缩，溶解性总固体含量不断增高。因此，土壤盐渍化程度表现为随地形从高到低、从上游到下游逐渐加剧的趋势。在盆地内，由于微地形的差异，土壤盐演化程度也会出现较大不同。相对高起的微地形上，由于同时存在纵横方向的湿度差，受水势梯度及蒸发力驱动，水分由低处向高处运移，加之蒸发浓缩，在高处积盐多。同理，在农田中，也存在盐分从沟地向地埂运移的现象。

4. 地下潜水位和水质

水是盐的载体，盐溶于水中随之移动，土壤盐渍化主要受浅层地下水位、地下水矿化度及地下径流情况的影响。盐渍土中的盐分多来源于地下水。浅水层水位的高低直接关系到其中盐分能否从土壤毛细水达到地表，使土壤产生积盐。浅层水位越高，地下水矿化度越大，土壤积盐程度越剧烈，土壤的盐渍化程度越严重。地下（表）水径流对盐渍化影响的程度主要取决于地表径流的强度、浸泡时间、包气带岩性、接触面积及矿化度。地表径流对土壤盐渍化主要体现在两个方面：一是河水的泛滥和灌溉使河水中的盐分残留在土壤中；二是河水渗漏补给地下水，提高地下水位和地下水中盐分含量，增加地下水的矿化度。

5. 生物积盐

耐盐生植物在土壤盐渍化形成中也起着较为重要的作用，盐碱地上常见植物多为盐生植物或干旱地区的深根植物，具有抗盐特性，对盐碱环境具有非常强的适应性。碱蓬、盐生草、猪毛菜、碱灰菜、盐地碱蓬、柽柳等盐生植物的耐盐力强，根系发达，可适应较高的渗透压，能从深层土壤和地下水中吸收水分和盐分，可转移分泌盐分于地表或将盐分累积在植物体中。植物死亡后经分解，盐分回归土壤并积累于地表，具有一定的积盐作用。还有不少植物能在其体内合成生物碱，如柽柳还能将盐分分泌出体外，增加表层土壤的含盐量。

（二）盐渍化型土地退化形成的人为因素

1. 不合理的施肥方式

一是过量施用化学肥料。普通化学肥料多为水溶性盐，吸收利用率在30%左右，受作物选择性吸收后，剩余的肥料会在土壤中被大量固定，从而使得土壤的化学性状出现变化，导致土壤的供肥能力下降，增加土壤盐渍化趋势。二是过量施用牲畜、禽生鲜粪肥（特别是鸡粪、鸭粪、猪粪）会对土壤造成一定的盐害。例如，鸡粪或者猪粪等畜禽粪肥，因饲料中加入食盐，在排泄物中会含有大量的盐分，用量大了也会加剧土壤盐渍化。三是施肥手段落后。农业生产活动中施用肥料多为基施、追施、撒施等，在施肥过程中可能存在施肥浅、表施或施肥过量等现象。这一方面可能发生肥害，导致烧苗或植物萎蔫等现象；另一方面局部土壤肥料盐分积累，进而可能导致土壤盐渍化加剧。

2. 不适宜的肥料选择

长期偏施肥料会导致土壤有机质含量少、中微量元素不足、土壤板结，尤其是蔬菜作物表现出很多的生理性病害（叶子变黄、徒长、叶片薄脆等）。例如，偏施氮肥会导致作物徒长，易倒伏，抗病、抗逆性差。平时大多数果农菜农施用的水溶性肥料以氮磷钾肥为主，忽略了中微量元素的施用，长期施肥必定会导致土壤养分失衡。施用劣质粪肥会造成土壤快速恶化，如掺入过碱的鸡粪，会破坏土壤酸碱度，对根系造成直接破坏，使作物无法正常生长。有些菜农施用含有重金属的劣质商品有机肥，对土壤及作物造成长期不良影响，严重的甚至不能种植，这些问题同样会加重土壤盐分积累。另外，长期不补充有益微生物也会对土壤造成不良影响。作物根系吸收土壤中养分需要有益微生物的参与，土壤中有益微生物数量减少，导致土壤板结、根际环境恶劣，根系无法有效吸收土壤中的养分。

3. 长期采取大水漫灌的灌溉方式、排水不畅

长期采取大水漫灌的浇水方式会对土壤造成密实和淋洗的不良影响。在一定程度上，大水漫灌对土壤有较强的密实作用，特别是对于黏性土壤，大水漫灌后黏性土壤耕层盐分浓度增大。对于沙性土壤上，大水漫灌会将易于移动的元素，如氮、钾、镁、硼等大中微量元素，淋洗到土壤深层，造成深层土壤盐分增多。排灌设施老化不匹配、沟渠过浅、排水不畅，导致地下水位上升，盐分积累，盐渍化加剧。

4. 过度放牧、掠夺式耕种等粗放式经营

草地植被维持着土壤中盐分平衡。随着畜牧业的发展，草畜之间矛盾加剧，可用草地面积越来越少，超载放牧、牛羊啃食嫩草、牲畜反复践踏，加上耙耧车碾，伤害了草根，破坏了地表植被。植被覆盖度减少增加了土壤表面水分的蒸发，土体中上升水流的数量和速度大大提高，从而促进了土体下层盐分向上层聚集。同时，草地生态系统入不敷出，土壤有机质含量大幅度下降，破坏了土壤结构，造成土壤板结，土体下渗水流的数量和速度大大降低，从而导致土壤表层脱盐速率降低，相对提高了土壤的积盐速率。土地重用轻养、重产轻投，这种掠夺式的经营方式，会使土壤肥力明显下降，缺乏科学的经营方式会加快土地盐渍化的进程。

三、盐渍化型土地退化危害

1. 威胁工程建设安全

盐渍土不同于常规的土类，在其三相组成中，固相除土颗粒之外还会有难溶盐或者易溶盐的结晶，液相则为盐溶液。在土壤水分含量、温度、湿度等条件发生变化时，盐渍土土体中的易溶盐会发生溶解、结晶、沉积等一系列的变化，从而产生盐胀、溶陷等，对工程建设产生很大的危害。同时，盐渍土地基对其下的建（构）筑物具有腐蚀性。

盐渍土的工程危害包括溶陷、盐胀及腐蚀三个方面。盐渍土浸水后，土中的可溶盐会被溶解而流失，从而造成土体结构急剧破坏，强度迅速降低。盐渍土地基不均匀的浸水使地基产生不均匀沉降，会对其上建（构）筑物产生很大危害，同时也会对地下的管道等设施造成不利影响。盐渍土路基的溶陷会使得路基及路面出现塌陷甚至孔洞，带来极大的安全隐患。含硫酸盐及亚硫酸盐的盐渍土，在温度、湿度变化时会发生反复的膨胀和体缩，破坏土体结构。在昼夜温差相差较大的地区，这种变化尤为显著。例如，位于青海平安的硝湾变电所，过去盐胀灾害反复发生，地基土盐胀导致基座开裂，被迫迁移重建，损失巨大。盐渍土中含有盐溶液，从而会对建筑物产生腐蚀性，这种危害相当普遍。产生腐蚀作用的主要为氯盐和硫酸盐。氯盐主要对金属有腐蚀性作用，硫酸盐对混凝土等的腐蚀危害很大。

2. 影响作物生长，降低作物产量和品质

①土壤盐渍化导致作物脱水，影响正常的呼吸作用，免疫力降低；另外，水分养分供应不上，叶果部表皮细胞长得不健壮，受外界环境影响产生伤口，易被

病原菌侵染而引发叶果部病害。②由于土壤盐浓度过高，作物根系无法有效吸收土壤中的水分、养分，出现缺素症状，表现为植株长势弱、发黄、发蔫、根系不牢等症状，严重时根系死亡，整株枯死。③在盐渍化土壤中生长的作物，果实产量和品质会受到影响，作物根系生长受到抑制，不能正常吸收水分、无机盐供地上部利用，叶片光合作用受到抑制，制造的氨基酸、有机酸、糖等营养及风味物质减少，导致果实个头小、品相差、口味差，降低果实产量、品质。一些盐渍化特别严重的地块，农作物大幅减产甚至绝收。

第四节　贫瘠化型土地退化

一、贫瘠化型土地退化概况

　　贫瘠化型土地退化是土壤环境及土壤物理、化学和生物性质恶化的综合表征，是土壤本身各种属性或生态环境因子不能相互协调、相互促进的结果，是脆弱生态环境的重要表现（图3-4）。土壤有机质含量下降、土壤营养元素亏缺和非均衡化、土壤板结紧实、土壤结构破坏、表土层变薄都是贫瘠化型土地退化的表现（赵倩，2017）。

图 3-4　贫瘠化型土地退化景观

　　联合国粮食及农业组织（FAO）数据表明，我国耕地土壤肥力基础薄弱，居世界中下游水平。根据《测土配方施肥土壤基础养分数据集（2005—2014）》，截至 2014 年，我国农田耕层土壤有机质平均含量为 24.65g/kg，以黑龙江最高，达到了 40.43g/kg，宁夏土壤有机质平均含量最低，为 13.61g/kg（杨帆等，2017）。

相比全国第二次土壤普查（1979～1985 年）数据，我国大部分地区农田耕层土壤有机质含量略有上升，但仍有部分地区耕层土壤有机质含量下降，区域间耕地土壤肥力差异仍较大（胡莹洁等，2018）。耕层土壤有机质含量＞40g/kg 和＜10g/kg 的比例分别为 7.80%和 8.34%，14.55%的耕层土壤有机质含量在 30～40g/kg，27.31%的耕层土壤有机质含量在 20～30g/kg，42.00%的耕层土壤有机质含量在 10～20g/kg。黑龙江、江西、湖南、广西、云南和贵州 6 省（自治区）土壤有机质平均含量均大于 30.00g/kg。内蒙古、吉林、上海、江苏、浙江、安徽、福建、湖北、广东、四川、西藏和青海 12 个省（自治区、直辖市）的土壤有机质平均含量在 20～30g/kg。北京、天津、河北、山西、山东、河南、辽宁、海南、重庆、陕西、甘肃、宁夏和新疆的土壤有机质平均含量均小于 20g/kg，其中北京、山西、山东、陕西、甘肃和宁夏 6 个省（自治区、直辖市）土壤有机质平均含量未达到 15g/kg（杨帆等，2017）。

我国大部分耕地土壤全氮含量在 0.2%以下，其中山东、河北、河南、山西、新疆 5 省（自治区）严重缺氮土壤面积占耕地总面积的一半以上；20 多个省级行政区缺磷或严重缺磷土壤面积占据耕地总面积的一半以上；缺钾土壤面积占比相对较小，南方缺钾较为普遍，海南、广东、广西、江西等省地有 75%以上的耕地土地缺钾，各地农田土壤养分中钾素亏缺普遍出现，农田土壤速效钾含量均有普遍下降趋势（张燕，2010）。以土壤有机质含量、全氮含量、全磷含量、速效磷含量、全钾含量、速效钾含量、pH、阳离子交换量（cation exchange capacity，CEC）、物理性黏粒含量、粉/黏含量比、表层土厚度 11 项指标为依据，进行土壤肥力综合评价。结果表明，东部红壤丘陵区大部分土壤不同程度遭受肥力退化的影响，处于中、下等水平，高、中、低肥力等级的土壤面积分别占该区总面积的 25.9%、40.8%和 33.3%，广东丘陵山区、广西百色地区、江西吉泰盆地、福建南部等地区肥力退化已十分严重（张翠莲等，2010）。

各地每年向土壤投入大量无机化肥，维系粮食安全生产。2014 年，我国化肥施用量达 5996 万 t，占世界化肥总施用量的 1/3，单位农作物播种面积平均施用量达 362.41kg/hm²，是国际公认的化肥施用安全上限（225kg/hm²）的 1.61 倍（尚杰，2016）。随着粮食高产计划实施，大量营养元素肥料逐年投入使用，诱导土壤的中微量元素普遍亏缺。我国缺乏中量元素的耕地占 63.3%。我国南方和西南地区 90%的土壤缺硼（B）和钼（Mo）；华北平原和黄土高原有 80%的土壤缺锌（Zn）和钼（Mo）；西北干旱地区有超过 80%的土壤缺锌（Zn）和锰（Mn）。无论是国际还是我国，土壤中微量元素贫瘠导致的人体以缺素为主要原因的亚健康问题已经非常普遍，且有越来越严重的态势。化肥大量投入使用导致生物质量退化、水体面源污染和环境温室效应加剧等极为严重生态灾难，已经获得了极大的关注。

二、贫瘠化型土地退化成因

贫瘠化型土地退化形成有两方面原因：一方面是本身所处地域气候及地形环境的自然因素，另一方面是人类对耕地的不合理利用等人为因素。

（1）土壤贫瘠的自然因素是土壤中的水分不足、养分缺乏、空气少。例如，沙漠土缺少水分，南方的酸性土黏重、通气孔隙度低、水分含量高等，这是气候和地形导致的。

（2）人为因素主要是对土地的不合理利用，管理措施不到位，以无机肥料替代有机肥料，或过度依赖无机化肥，过度农垦导致土壤肥力流失。例如，我国东北地区初垦的黑土，有机质含量在 7%～10%，但开垦不到百年，土壤有机质已下降到 3%～4%，有的甚至仅在 2%左右。南方地区森林被砍伐后，土壤有机质含量由 5%～8%下降到 1%～2%，土壤肥力明显减退。

贫瘠化型土地退化现象在我国各地均有出现，且至今耕地土壤养分仍有较大一部分处于亏缺和不平衡状况中，制约我国农业生产发展，从而影响粮食安全。

三、贫瘠化型土地退化危害

1. 粮食和农产品严重减产

矿物风化和土壤淋溶作用强烈导致土壤表面交换位上的盐基阳离子逐渐淋失，保肥、供肥性能差，土壤自然肥力不高。由于长期不合理的开发利用，侵蚀型土地退化严重，农业生态系统中养分循环与平衡的失调加剧了土壤尤其是旱地的养分贫瘠化及肥力衰减过程。营养元素缺乏和土壤肥力衰退，造成农产品减产，已严重阻碍我国部分地区农业生产的持续发展。

2. 植株根系生长不良

贫瘠化型土地退化、肥力弱，植物根部细胞呼吸作用减弱，导致多种营养元素无法吸收、根系发育不良、农产品品质降低、口感及风味退化等。

3. 土传病害频发

耕作单一化会导致贫瘠化型土地退化，使得土壤保水、保肥能力及通透性降低，植株根系会因缺氧而活力下降，进而发生根腐、猝倒、立枯等土传病害。

4. 植株缺素症

只重视施用大量元素肥料，而忽视中微量元素肥料，会造成土壤的中微量元素耗竭，大量元素富集。肥料投入越来越多，果蔬产量、品质不仅没有提升，反而呈现下降趋势。植物根系吸收能力下降，从而导致植物缺素症，主要表现为蔬菜脐腐症、果实裂果等。

第五节　污染型土地退化

一、污染型土地退化概况

污染型土地退化是受到采矿、工业废弃物或农用化学物质侵入，土壤原有的理化性状恶化，土地生产潜力减退，产品质量恶化引起的土地退化。土壤污染物来源极其广泛，主要包括来自工业和城市的废水和固体废弃物、农药和化肥、牲畜排泄物、生物残体及大气沉降物等。另外，在自然界某些矿床、元素和化合物的富集中心周围，由于矿物的自然分解与风化，往往形成自然扩散带，附近土壤中某元素的含量超出一般土壤含量，造成土壤污染（图 3-5）。按污染源不同，可分为工业污染、交通运输污染、农业污染和生活污染共四类。土壤污染以不容忽视的速度和趋势在我国范围内蔓延，这必然会引起其他环境要素污染，严重影响我国土壤生态系统的生物多样性和食物链的安全。

图 3-5　污染型土地退化景观

根据 2014 年《全国土壤污染状况调查公报》，我国土壤环境状况总体不容乐观，部分地区土壤污染较重，耕地土壤环境质量堪忧，工矿业废弃地土壤环境问题突出。全国土壤总的点位超标率为 16.1%，其中轻微污染、轻度污染、中度污染和重度污染点位比例分别为 11.2%、2.3%、1.5% 和 1.1%。从土地利用类型看，耕地、林地、草地土壤点位超标率分别为 19.4%、10.0%、10.4%。从污染类型看，以无机型为主，有机型次之，复合型污染占比较小，无机污染物超标点位占全部超标点位的 82.8%。从污染物超标情况看，镉、汞、砷、铜、铅、铬、锌、镍 8 种无机污染物点位超标率分别为 7.0%、1.6%、2.7%、2.1%、1.5%、1.1%、0.9%、4.8%；六氯环己烷（俗称"六六六"）、双对氯苯基三氯乙烷（俗称"滴滴涕"）、多环芳烃 3 类有机污染物点位超标率分别为 0.5%、1.9%、1.4%。污染场地数据显示，南方土壤污染程度整体上大于北方，镉、汞、砷、铅 4 种污染物含量呈现从西北到东南、从东北到西南方向逐渐升高的态势。土壤污染会造成农产品减产降质、污染超标，危害人身健康。不同土地利用类型土壤的环境质量状况具体如下。

（1）耕地：土壤点位超标率为 19.4%，其中轻微污染、轻度污染、中度污染和重度污染点位比例分别为 13.7%、2.8%、1.8%和 1.1%，主要污染物为镉、镍、铜、砷、汞、铅、滴滴涕和多环芳烃。

（2）林地：土壤点位超标率为 10.0%，其中轻微污染、轻度污染、中度污染和重度污染点位比例分别为 5.9%、1.6%、1.2%和 1.3%，主要污染物为砷、镉、六六六和滴滴涕。

（3）草地：土壤点位超标率为 10.4%，其中轻微污染、轻度污染、中度污染和重度污染点位比例分别为 7.6%、1.2%、0.9%和 0.7%，主要污染物为镍、镉和砷。

（4）未利用地：土壤点位超标率为 11.4%，其中轻微污染、轻度污染、中度污染和重度污染点位比例分别为 8.4%、1.1%、0.9%和 1.0%，主要污染物为镍和镉。

二、污染型土地退化成因

污染型土地退化是在经济社会发展过程中长期累积形成的。我国工业化虽然经历的时间短，但工矿企业生产经营活动是土壤污染的主要原因，农业生产和日常生活也是土壤污染的重要原因。

（1）工矿企业生产经营活动中排放的废气、废水、废渣是其周边土壤污染的主要原因。尾矿渣、危险废物等各类固体废物堆放等，导致其周边土壤污染。汽车尾气排放导致交通干线两侧土壤铅、锌等重金属和多环芳烃污染。通过大气沉降进入农田土壤中的重金属，已经成为我国部分区域农田土壤重金属的重要来源之一。以工业废弃物邻苯二甲酸酯为例，珠江三角洲地区中山市农田土壤 6 种优先控制的邻苯二甲酸酯化合物总含量为 0.14～1.14mg/kg，邻苯二甲酸二丁酯（DBP）和邻苯二甲酸二甲酯（DMP）超标率分别为 93.85%和 27.69%（李彬等，2016）。长江中下游平原地区，安徽省蔬菜基地（合肥、滁州和马鞍山）土壤中 18 种邻苯二甲酸酯总含量为 0.204～0.484mg/kg，且邻苯二甲酸酯污染以邻苯二甲酸二(2-乙基己基)酯（DEHP）和 DBP 为主，土壤中 DBP 超过了美国土壤控制标准（王梅，2016）。我国各地农田土壤已经遭受了不同程度的邻苯二甲酸酯污染，对其的治理已然刻不容缓。

（2）农业生产活动是耕地土壤污染的重要原因。国家统计局数据显示，我国化肥施用折纯量、农药施用量及农用塑料膜使用量在 2016 年以前一直呈逐年增加的趋势，污水灌溉，化肥、农药、农膜等农业投入品的不合理使用和畜禽有机肥使用等，导致耕地土壤污染。使用农药虽然消灭了害虫，但也伤害了鸟兽虫蛇，生态环境遭到严重破坏，人类生产环境受到严重的威胁。此外，大量使用农药后，农产品食用的有害性增加，影响人们的消费信心。

（3）生活垃圾、生活废水产生的三废（废水、废气、废渣）不合理排放堆放会对周边农田土壤环境质量造成影响。我国早期城市生活垃圾处理多以填埋为主，但城镇和乡村缺乏卫生填埋，常以堆放或直接填坑处理。垃圾渗滤液含有大量重金属、有机污染物等有毒物质，随雨水渗流会对周边农田土壤造成严重危害。早些年我国污水净化体系不健全，外加北方部分干旱地区农田灌溉用水紧张，未经达标处理的污水曾长期大量灌溉土壤，造成农田土壤大面积污染。我国每年森林火灾产生的多环芳烃和挥发性有机污染物分别为 40t 和 9.5 万 t，最终大都沉降到地面，对土壤造成一定污染（胡文友等，2021）。

（4）自然背景值高，使一些区域和流域土壤中重金属含量超标。我国西南、中南地区分布着大面积的有色金属成矿带，镉、汞、砷、铅等元素的自然背景值较高，加上金属矿冶、高镉磷肥施用等，导致这些地区重金属普遍超标，加剧了区域性的土壤重金属复合污染。

（5）流水搬运与洪灾造成的污染。长江中下游两岸土壤镉污染可能与流水搬运和洪灾有关。在镉成矿带和高背景值地区，由于洪水等作用，土壤中的镉可在流域中下游形成富集区或富集带。

三、污染型土地退化危害

（1）污染型土地退化危害人体健康。土壤污染会使污染物在植（作）物体中积累，一些毒性大的污染物，如汞、镉等，富集到作物果实中，并通过食物链富集到人体和动物体中，人或牲畜食用后发生中毒，引发癌症和其他疾病等。例如，日本轰动世界的八大公害事件之一——"水俣病"事件。由于化工厂排放的工业废水中含有大量的重金属汞，被人体吸收，患者脑中枢神经和末梢神经被侵害，很多人身心受到摧残，就连一些健康者的后代也难逃厄运。由于汞污染，水俣湾的鱼虾不能再捕捞食用，当地渔民生活失去了依赖，当地经济也受到了极其沉重的打击。

（2）污染型土地退化导致严重的直接经济损失。各种土壤污染造成的经济损失，目前尚缺乏系统的调查资料，仅以土壤重金属污染为例，我国每年因重金属污染而减产粮食 1000 多万 t。

（3）污染型土地退化导致其他自然环境问题。土地受到污染后，重金属浓度较高的污染表土容易在风力和水力的作用下分别进入大气和水体中，导致大气污染、地表水污染、地下水污染和生态系统退化等其他次生生态环境问题。

（4）污染型土地退化导致生物品质不断下降。我国大多数城市近郊土壤受到了不同程度的污染，有许多地方粮食、蔬菜、水果等食物中镉、铬、砷、铅等重金属含量超标或接近临界值。土壤污染除影响食物的卫生品质外，也明显地影响农作物的其他品质。

第六节　损毁型土地退化

一、损毁型土地退化概况

损毁型土地退化是生产、建设活动挖损、塌陷、压占或自然灾害毁损等造成土地难以利用而引起的土地退化（图 3-6）。原国土资源部土地整理中心（2011）编著的《土地复垦方案编制实务》中将生产建设项目中损毁型土地退化划分为挖损、压占、沉陷、污染和占用五种类型。土地挖损是指原地表植被损毁，大规模土石方运移，深层原状土或基岩裸露，致使裸露面生产和生态功能部分或全部丧失。土地压占是指在生产建设项目建设中或生产运行中排弃的废石、粉煤灰等压占原有地面，致使原地面生产和生态功能丧失。土地沉陷是指生产建设项目尤其是地下开采造成的地表沉陷和裂缝。土地污染是指生产建设项目排放的污染物造成土壤理化性质改变，进而丧失原有功能。土地占用是指生产建设活动中占用土地，改变了土地原利用状态。损毁型土地退化是我国粮食安全的重要短板之一。

图 3-6　损毁型土地退化景观

2019 年中国地质调查局自然资源航空物探遥感中心的遥感监测结果显示，2018 年度我国采矿损毁土地面积为 3.6105 万 km^2，其中损毁耕地面积约 0.4303 万 km^2，约占全国采矿损毁总面积的 11.92%，采矿损毁总面积约占我国陆域面积的 0.37%。其中，挖损土地面积为 1.4593 万 km²，压占土地面积为 1.3067 万 km²，沉陷土地面积为 0.8445 万 km²；在建生产矿山采矿损毁土地面积为 1.3404 万 km²，废弃矿山采矿损毁土地面积为 2.2701 万 km²。累计矿山环境恢复治理土地面积为 0.9308 万 km²，矿山环境恢复治理率为 20.50%。2018 年，我国新增的采矿损毁土地面积为 0.0481 万 km²，其中损毁耕地面积约 0.0019 万 km²，约占我国新增的采矿损毁土地总面积的 3.95%；新增矿山环境恢复治理土地面积为 0.0652 万 km²。

我国大约有三分之二的国土面临着不同程度和不同类型的洪水灾害。我国洪涝灾害损毁的耕地面积每年高达 1.33 万 km²（付锦练等，2019）。2017 年，我国洪涝及地质灾害造成的直接经济损失达 1910 亿元，2008~2017 年我国农作物平均受灾面积 304 万 km²。根据相关研究结果，每年自然灾害和生产建设活动损毁土地约 400 万亩。据国家统计局资料分析，1996~2005 年的 10 年间，我国平均每年洪灾受灾面积为 124.36 万 km²，占总受灾面积的 25.9%；成灾面积为 73.34 万 km²，占总成灾面积的 29.2%（刘俊等，2014）。

我国西南喀斯特地区地质环境脆弱性大、敏感度高，且面临人口超载和经济社会落后的双重压力，致使生态环境严重退化，出现了大面积基岩裸露的喀斯特石漠化问题。据遥感调查结果，2001 年贵州喀斯特石漠化面积已达 5 万 km²，广西 4.7 万 km²，并且以 2500km²/a 的速度在不断扩展，其扩展速度并不比我国北方沙漠化慢。喀斯特石漠化不仅破坏生态环境，使土地生产力衰减，而且严重影响农、林、牧业生产，甚至危及人类生存，因此喀斯特石漠化已经成为制约我国西南地区可持续发展最严重的生态地质环境问题（王世杰，2003）。

二、损毁型土地退化成因

损毁型土地退化成因主要包括自然因素和人为因素。崩塌、滑坡、泥石流、洪水、海啸、火山喷发等，矿山开采等生产建设活动形成裸露开挖面、排土（渣、石）场、尾矿库、压占、矸石山、挖损等都可造成土地损毁，具体表现在以下两个方面。

1. 损毁型土地退化形成的自然因素

气象灾害包括干旱、暴雨、寒潮与冷冻灾害等；地质灾害包括崩塌、滑坡、泥石流、地面塌陷（沉降）、地裂缝、岩爆、特殊岩土工程地质病害、侵蚀型土地退化、土地沙漠化、盐渍化和海水侵入等；洪水灾害包括暴雨洪水、冰凌洪水、溃坝洪水等；地震包括人工地震（物理爆炸、化学爆炸、机械振动等）和天然地震（火山地震、构造地震、陷落地震和诱发地震）。

2. 损毁型土地退化形成的人为因素

土地挖损、矿山开采等生产建设活动使得原地表植被损毁，大规模土石方运移，深层原状土或基岩裸露，致使裸露面（如露天采坑、公路铁路开山面）生产和生态功能部分或全部丧失。生产建设项目建设和生产运行中排弃的废石、粉煤灰等，压占原有地面，改变了土地原利用状态，致使原地面生产和生态功能丧失，如排岩场、尾矿库等。此外，地下开采造成的地表沉陷、裂缝和生产建设项目排放的污染物造成土壤理化性质改变，进而丧失原有功能。

三、损毁型土地退化危害

1. 耕地短缺

受季风气候及全球气候变化影响，我国耕地遭受水毁的危险等级及规模较大。相关研究表明，我国的耕地面临严峻的洪水灾害危险。重度危险级的耕地面积为 19.44 万 km^2，占耕地面积的 15.13%，主要分布在我国 7 大江河流域沿岸和西南的云贵高原；中度危险级的耕地面积为 40.74 万 km^2，占耕地面积的 31.71%，主要分布在东南部沿海丘陵区和黄土高原；轻度危险级的耕地面积为 68.29 万 km^2，占耕地面积的 53.16%，广泛分布在华北平原、三江平原和西北内陆地区（刘俊等，2014）。

2. 土地利用率低

矿山开采等生产建设活动形成裸露开挖面、排土场、尾矿库、矸石山，崩塌、滑坡、泥石流、海啸、火山喷发、洪水灾害及部分城市郊区建筑废弃场、生活废弃物、渣土倾倒等都可损毁现有耕地，使现有耕地暂时或永久地破坏而无法被有效利用，造成周边生态环境的严重破坏，绿水青山不再，进而使人民群众的生活品质无法得到有效保障。

参 考 文 献

鄂竟平, 2018. 中国水土流失与生态安全综合科学考察总结报告[J]. 中国水土保持, (12): 3-7.

付锦练, 陈文波, 邵彦文, 等, 2019. 基于正态云理论的耕地水毁评价研究[J]. 中国土地科学, 33(2): 76-84.

郭树学, 2012. 水土流失形式的分析[J]. 吉林农业(学术版), (9): 246.

胡文友, 陶婷婷, 田康, 等, 2021. 中国农田土壤环境质量管理现状与展望[J]. 土壤学报, 58(5): 1094-1109.

胡莹洁, 孔祥斌, 张玉臻, 2018. 中国耕地土壤肥力提升战略研究[J]. 中国工程科学, 20(5): 84-89.

贾爱冬, 苏利平, 杨郁挺, 2014. 形成水土流失地区恶性循环的心理因素分析[C]. 武汉: 海峡两岸水土保持学术研讨会.

李彬, 吴山, 梁金明, 等, 2016. 珠江三角洲典型区域农产品中邻苯二甲酸酯(PAEs)污染分布特征[J]. 环境科学, 37(1): 317-324.

李芹芳, 潘悦, 周森林, 2019. 我国沙化土地现状及动态变化研究[J]. 林业资源管理, (5): 12-17.

刘俊, 张荣群, 艾东, 2014. 中国水毁耕地空间分布格局[J]. 农业工程, 4(1): 87-93.

尚杰, 2016. 添加生物炭对壤土理化性质和作物生长的影响[D]. 杨凌: 西北农林科技大学.

孙鸿烈, 2011. 我国水土流失问题与防治对策[J]. 中国水利, (6): 16.

王静爱, 左伟, 2010. 中国地理图集[M]. 北京: 中国地图出版社.

王梅, 2016. 中国土壤污染问题现状及防治措施分析[J]. 科技传播, 8(17): 141-142.

王全九, 邓铭江, 宁松瑞, 等, 2021. 农田水盐调控现实与面临问题[J]. 水科学进展, 32(1): 139-147.

王世杰, 2003. 喀斯特石漠化——中国西南最严重的生态地质环境问题[J]. 矿物岩石地球化学通报, 22(2): 120-126.

王遵亲, 祝寿泉, 俞仁培, 等, 1993. 中国盐渍土[M]. 北京: 科学出版社.

杨帆, 徐洋, 崔勇, 等, 2017. 近30年中国农田耕层土壤有机质含量变化[J]. 土壤学报, 54(5): 1047-1056.

昝国盛, 王翠萍, 李锋, 等, 2023. 第六次全国荒漠化和沙化调查主要结果及分析[J]. 林业资源管理, (1): 1-7.

张翠莲, 玛喜, 2010. 土壤退化研究的进展与趋向[J]. 北方环境, 22(3): 42-45.

张燕, 2010. 中国中低产田改造现状及对策建议[D]. 成都: 西南财经大学.

赵倩, 2017. 浅谈西部地区贫瘠土质绿地生态修复区域的建设思考[J]. 现代园艺, 14(7): 170-171.

周健民, 沈仁芳, 2013. 土壤学大辞典[M]. 北京: 科学出版社.

朱子政, 刘凯, 蔡凡隆, 等, 2014. 四川省西北地区沙化土地驱动机制研究[J]. 林业建设, (5): 64-70.

国土资源部土地整理中心, 2011. 土地复垦方案编制实务[M]. 北京: 中国大地出版社.

第四章 土地退化评价

土地退化评价是制订科学的退化土地防治措施的基础，评价的结果、精度直接影响到土地退化防治工作。因此，提供快速、准确的基于遥感影像的土地退化评价是目前土地退化研究的重要内容，对我国乃至全球土地退化防治工作有重大意义。

土地退化评价是对土地退化过程进行监测和评价，及时准确地评价土地退化发生的程度，掌握土地退化发生的状态和机理，是建立土地退化监测预警系统的基础。土地退化评价的理论研究是土地退化监测和评价的基础，是建立土地退化评价指标体系的根据。

第一节 土地退化评价理论

一、土地退化评价的理论依据

土地退化评价需要依据土地的自然环境和社会经济属性，综合评定土地退化程度，依据的理论有系统论、可持续发展理论、区位理论、土地生态学理论。

（一）系统论的理论基础

系统一词源于古希腊语，是由部分构成整体的意思。系统论是一门以系统的类型、性质、规律及系统的演化机制为研究对象的理论。系统论的方法就是把研究对象作为一个系统，分析系统的结构和功能。系统论作为一门横断学科已成为自然科学、社会科学、工学等研究领域的理论基础和方法。一般而言，系统是指具有特定的功能、相互有机联系的众多要素构成的一个整体。因为世界由物质、能量、信息等组成，所以任何系统都是物质、能量、信息相互作用的产物。具体而言，不同系统的基本要素组成是不尽相同的，土地退化系统具有以下三个特征。

（1）整体性：土地退化系统对于外界环境来说是一个整体，和环境之间发生关系时表现为整体性，并按照整体性来相应地调整其内部各子系统之间的相互关系。土地退化的某一个因素或者局部的变化都会引起其他部分的变化，引起土地质量和数量整体的变化。研究土地退化系统时，必须既要考虑其组成部分的独立性，又要考虑其整体性。

（2）层次性：土地退化系统是多层复合系统，如果按其全部特性和整体状态进行研究，存在不少困难，因此，根据系统分析原理，一般要通过分解和简化进行分析，再根据各组分、各层次之间的联系，进行逐级连接，做出整体系统的研究，完成从低级到高级的整体系统评价。例如，根据主要土地利用方式划分为耕地、林地、草地等，人口、社会经济、社会制度和政策、社会消费结构、产业结构、技术进步和物质投入等是土地退化系统的外部环境。

（3）开放性：土地退化系统是多层次、多结构的开放系统。在土地退化系统中，人是核心要素，人口的数量和质量影响对土地资源需求和利用的强度，决定了系统运行发展的方向。人类必须根据土地退化系统的结构、功能等特点，采用一定的杠杆作用，调节和影响土地退化系统的运行。在开发利用土地资源时，要符合当前生态和社会利益，使土地不断向结构完善、功能提高的方向演化，满足人类社会长远发展的需要。

土地是生态系统的重要组成部分，土地退化与生态系统中的诸多因素密切相关，并且存在复杂的相互作用。因此研究土地退化，首要的指导理论便是系统论。系统论的相关理论和方法对于土地退化评价有着十分重要的指导意义。

（二）可持续发展理论基础

"可持续发展"是20世纪80年代人类全面总结自身的发展历程，重新审视自身的社会经济行为后，提出的一种全新的发展思想和发展模式。世界环境与发展委员会《我们共同的未来》一书将可持续发展定义为：既满足当代人的需要，又不对后代人满足其需要的能力构成危害的发展。可持续发展模式强调社会、经济、环境的协调发展，追求人与自然、人与人之间的和谐。它是一种从环境和自然资源角度提出的关于长期发展的战略和模式，具有综合性、动态性、地域性、持久性和协调性等。

可持续发展理论包含了可持续和发展两个概念，认为经济、社会、自然和环境形成相互依赖的系统，在发展经济的同时，要保护环境和自然资源。土地资源的可持续发展就是对人类生存依赖的土地资源进行持续利用，尽可能减少破坏，在追求经济效益最大化的前提下，能够兼顾各代人的利益，使土地资源产出能够满足当代人和后代人物质、文化等方面的要求，维持土地资源在代际间的合理分配。它强调土地资源的生产能力和环境，要满足人类不断发展的需求。土地退化评价的根本出发点就是要根据土地退化的类型、程度，提出土地退化评价的主要内容，构建土地退化的评价体系，掌握土地资源退化状况，促进土地资源的可持续发展。因此，在进行土地退化评价时应遵循可持续发展原理，科学评价土地退化的程度。

（三）区位理论

区位是指人类行为经济活动的空间，分为自然地理区位和经济区位两大类。土地的自然地理区位条件决定着其上的人类社会经济活动，而人类社会经济活动又强烈地影响着土地的经济区位。由此可见，土地的自然地理条件与土地的空间配置结构结合在一起，共同决定着土地的区位质量。

在不同的土地利用类型中，位置差异及空间分布的不同形成了土地级差和不同的使用价值和地价，直接影响土地用途和利用效益，进行土地退化评价时，也需要考虑道路通达度、自然位置等经济区位因素。因此，区位理论是土地退化评价体系建立的理论基础。

（四）土地生态学理论基础

土地生态学是一门研究土地生态系统特性、结构、功能和优化利用的学科。其基本任务是：①应用生态学原理指导土地开发、利用、整治、保护和管理；②揭示土地开发利用与保护管理过程中的生态规律。

土地生态学研究的基本目的是为土地利用规划、土地利用工程（为土地合理开发利用、治理与保护实施的综合工程技术措施）和土地管理提供理论依据。土地生态学也是进行土地退化评价需要依据的理论之一。

二、土地退化评价的原则

（一）综合性原则

土地退化评价是对土地利用系统的综合评价，一方面要全面地考虑影响土地持续利用的因素，另一方面要选择适当的方法对众多的因素加以有效综合，得到对土地持续利用客观、全面的评价。

（二）层次性原则

一方面，由于土地利用的自然资源条件和社会经济条件的区域性，土地退化本身表现出一定的层次性，用单一的评价指标对所有不同层次、不同类别的土地退化进行评价有失科学性。因此，还需要根据一定的尺度分异原则，区分不同的土地利用系统，针对不同系统影响土地退化的要素选取评价指标，确定指标阈值，在对土地退化各层次目标进行评价的基础上，得出整体的评价。另一方面，衡量土地利用持续性的指标体系也具有层次性。构建土地退化的评价指标体系在持续利用的总体目标下，区分出土地持续利用的不同准则，在各准则下根据各土地利用系统的特点选取不同的评价因子，支持评价因素的指标，从而构成土地退化评价的指标体系。

（三）区域性原则

土地退化评价是针对特定区域、特定土地利用系统的评价。不同区域、不同层次的资源环境条件、社会经济、文化背景及土地利用特点存在着巨大的差异。因此，土地退化评价必须针对不同目的与不同区域进行。

（四）传统方法与现代方法相结合的原则

土地退化监测和评价的传统方法是通过野外实地调查、田间动态监测和室内实验等，结合植被参数及土壤理化性质指标等对土地退化进行监测和评价。随着一系列现代方法的出现，遥感、计算机等逐渐在土地退化的监测和评价等方面发挥了重要作用。传统评价方法简便易行，实用性强，但是难以全面和深刻地反映系统的本质；采用遥感、计算机等现代技术有助于提高数据采集、量化及综合评价的时效和精度，不仅可以使土地退化评价手段更为先进、迅速，更有利于分析复杂的生态经济系统变化，而且能比较全面深刻地揭示土地利用系统的结构、功能、效益，以及各种经济变量间的互相联系及发展变化的规律性。因此，两者结合可以得到取长补短的效果，用现代方法可以补充和加强传统方法的评价能力，用传统方法可以检验现代方法评价结果的可靠性和实用性。

（五）科学性与可操作性原则

土地退化评价涉及指标体系的建立、指标的量化与标准化、指标权重的确定和综合评价。指标的选择应以公认的科学理论为依据，各类指标反映土地持续利用目标上有明确的定义，数据来源准确，处理方法科学，指标的量化与标准化规范，指标权重的确定合理，综合评价科学。土地利用系统复杂，缺乏全面反映土地利用变化的数据。因此，指标的设置要注意数据的可得性，而且指标要具有可测性和可比性，在对指标进行量化与指标化、确定权重、综合评价等过程中，既要考虑评价的科学性，也要考虑评价的可操作性。

第二节　土地退化评价流程

土地退化评价，从逻辑上讲，首先应该确定土地退化评价的标准；其次研究用什么样的尺度来衡量退化程度，即如何构建土地退化评价的指标体系；最后选择合理的综合评价方法。土地退化评价时，必须包含土地持续利用系统分析、土地退化评价指标的建立、持续性综合评价等过程。

土地退化评价需要明确评价对象，弄清评价对象的性质、范围及评价的时期；分析土地退化的特征，确定土地退化类型，结合评价对象的实际情况，分析土地利用系统的生产性、稳定性、保护性、可行性、可接受性方面的目标；通过对土地退化的层次、结构、利用特点进行分析，确定影响土地退化的因素及因素间的关系，为评价指标体系的建立与综合评价打下基础。

构建土地退化评价的指标体系，需要解决评价指标如何产生和如何判断哪些指标是符合需要的问题，即评价指标的提取与筛选。

综合评价包括评价指标的量化与标准化、确定指标权重、对评价指标进行综合并与土地退化评价标准进行比较，最后得到评价结果。

综上所述，土地退化评价的步骤主要有：①确定研究区域和评价土地退化类型；②获取和采集土壤的历史和现状数据；③建立土地退化评价指标体系；④确定土地退化标准；⑤土地退化综合评价。具体的评价流程见图4-1。

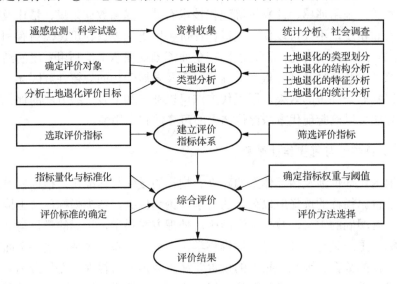

图 4-1　土地退化评价流程

第三节　土地退化评价方法

一、土地退化评价指标及分类

土地退化的类型主要涵盖沙化型、侵蚀型、盐渍化型、贫瘠化型、污染型、损毁型六种类型。综合考虑各种退化类型，将土地退化评价的指标主要分为以下9大类（赵媛媛等，2019；牛星等，2010）。

1）土地利用类型指标

划分荒漠化地区 6 类土地利用类型：耕地、草地、林地、居民区及工矿交通用地、水域、未利用地，结合其退化表现，设计的评价指标为耕地、草地、森林三个指标，具体为各种土地利用类型的面积及变化率，宜农、宜林、宜牧的土地面积。

2）土壤指标

除植被退化外，土地退化的最终结果是土壤养分的流失及理化性质的变化，因此土壤指标是土地退化监测和评价的主要指标之一。土地监测和评价指标包括土壤的肥力质量指标、土壤环境质量（无机污染物、有机污染物、放射性污染物、有害微生物等）指标、土壤盐渍化相关的指标等。具体包括土层厚度、土壤全氮含量、速效钾含量、有效磷含量、碱解氮含量、土壤质地（黏土、壤土、砂壤土、壤砂土、砂土）、土壤水分常数、有机质含量、矿物质含量、土壤盐渍化状况、土壤温度、土壤 pH、电导率、土壤污染物含量。

3）植被指标

植被对地形、地貌、土壤、水文条件、气候等改变最为敏感，是土地退化程度的最好标志之一。评价土地退化的植被指标有植被组成、群落高度、植物种类及数量、多度、郁闭度、植被覆盖度、生物产量（包括土地生产力、产草量等）。

4）气候因素相关指标

与气候相关的指标包括温度（月平均温度等）、降水（平均月降水量、年降水量、有效降水量、降水强度和类型等）、降雨侵蚀量、蒸发量、风速、大风及风沙日数、地表辐射率、干燥度等。

5）地质地貌相关指标

地质地貌相关指标有成土母质、地形坡度、平均坡长、坡位、沟壑密度、相对高差、地貌形态组合状况等。

6）地表状况相关指标

地表状况相关指标有盐碱斑占地面积、盐碱土占地面积；裸沙地占地百分比、沙丘大小、沙丘高度、覆沙厚度、活动程度；侵蚀沟长度或占坡面比率、沟谷密度、侵蚀类型、侵蚀模数等。

7）水文因素指标

水文因素指标有水源补给、地下水位埋深、地下水矿化度、排水能力；地下水蒸发量、地下水径流量；地表径流量、地表水域、沼泽化程度等。

8）社会经济因素指标

社会经济因素指标包括土地利用状况（农林牧比例、灌溉及耕作方式）、土地利用强度（土地利用率、土地生产力、人口密度、牲畜数量、土地垦殖率、防护措施）、能源交通条件、人民生活水平、受教育程度、治理工程措施等。

二、土地退化评价指标的获取

（一）土地退化评价指标的获取途径

土地退化评价是一个指标信息获取与处理的过程。指标信息可通过监测网络、遥感解译与反演、专家调查、实测估算、统计数据和历史数据获得，这些指标信息主要来源于地面监测和遥感监测两种方式。地面监测又称人工监测，主要通过人工地面观察、测量和建立生态监测站的方法，对选取的典型定位点进行水文、气候、泥沙、土壤理化性质、土壤有机质含量等要素的测量及获取。遥感监测主要是通过航空或卫星遥感技术对地表植物、水体等进行观测、测量、分析和监测，利用获取的多源、多尺度遥感数据，结合地理信息系统（GIS）和其他相关技术进行数据处理和分析，以获取地表特征、动态变化信息等。

土地退化评价指标的获取参考我国学者的研究结果，整合利用自然资源部、农业农村部、水利部、国家林业和草原局、生态环境部、国家统计局各部门的数据，确定各个评价指标数据获取的监测方法及来源。

土地利用类型指标中耕地、草地、林地、居民区及工矿交通用地、水域、未利用地的面积、分布、质量状况，结合土地利用统计数据与遥感调查获取；方法可参考自然资源部年度国土变更调查。

土壤指标中的土壤团聚状况、pH、有机质含量、腐殖质含量、氮磷钾等养分含量、孔隙度等指标，可通过野外监测、统计数据及物理化学分析获取。测定方法参考农业部门的相关规范及规定。

植被指标，如植被组成、群落种类组成与结构、多度、郁闭度、生产力等，可根据统计方法、抽样调查来获取，植被覆盖度、生物量等可利用遥感反演获取；实际测定时参考农林部门、统计和资源清查有关部门等的相关规范。

地质地貌相关指标，如土壤侵蚀模数、水土流失面积等，根据遥感结合地面调查的方法获取，方法来源于水利部土壤侵蚀遥感调查；地貌类型、海拔高度、坡形、坡度、坡向、坡长、坡位等信息可根据统计方法获取，方法来源于水利、林业有关部门。

地表状况相关指标，如沙化类型及比例、沙丘大小、沙丘高度、覆沙厚度、活动程度等，可根据常规监测和统计资料获取；侵蚀沟长度或面积可根据常规监测获取或者由遥感影像提取。

气候因素相关指标，如年日照时数、年辐射强度、≥0℃积温、≥10℃积温、无霜期、初霜期、主风方向、平均风速、≥8级大风日数、沙尘暴日数、年/月降水量、年暴雨（≥50mm/d）日数、最长连续无降水日数、年蒸发量、年/月平均温度、极端最高气温、极端最低气温等，可由气象站历年的气象统计数据获得；

地表辐射率、干燥度、蒸发量等可由统计方法或遥感反演获取；方法参照气象部门的相关规定。

水文因素指标，如水源补给、水质、浅层地下水位埋深、排水能力、地下水矿化度、地表水域、沼泽化程度等，可由常规监测和统计数据来获取；方法来源于水利部水环境监测有关部门。

社会经济因素指标，如人口数据、作物产量数据等主要由统计方法获取，方法来源于统计部门；土地利用面积、数量、分布等数据来源于自然资源部年度国土变更调查。

（二）土地退化评价指标的获取方法

土地退化评价指标信息获取的方法主要有三种：物理和化学分析法、抽样调查法、遥感与"3S"技术集成法。

1）物理和化学分析法

（1）化学分析技术：选用一定的化学试剂，利用化学反应对样本进行定量分析的方法，常用的有滴定分析法（酸碱滴定法、络合滴定法、沉淀滴定法、氧化还原滴定法）。

（2）物理分析技术：使用物理方法进行测量，如几何测量、重量测量、光谱测量与分析（可见光分光光度法、紫外分光光度法、红外光谱法、原子吸收光谱法等）、电测量等。

（3）物理化学分析技术：综合物理和化学的分析技术，如电化学分析法（极谱法、电导分析法、电位分析法、离子选择电极法）、色谱分析法（气相色谱法、高效液相色谱法、离子色谱法、色谱-质谱法）等。

2）抽样调查法

抽样调查是从总体中以随机的方式抽取一定数量的样本，利用样本的实际资料计算样本指标，并据此推算总体相应数量特征的统计方法。与其他调查一样，抽样调查也会遇到调查的误差和偏误问题。通常抽样调查的误差有两种：一种是工作误差（也称登记误差或调查误差），一种是代表性误差（也称抽样误差）。抽样调查可以通过抽样设计、计算并采用一系列科学的方法，把代表性误差控制在允许的范围之内。另外，由于调查单位少、代表性强、所需调查人员少，其工作误差比全面调查要小。特别是在总体包括调查单位较多的情况下，抽样调查结果的准确性一般会高于全面调查。抽样的种类有简单随机抽样、分层抽样、成数抽样、整群抽样、阶段抽样等。通常情况下，大部分评价指标如土壤有机质含量、农作物产量等很难对每个单位进行调查，只能组织抽样调查，取得部分实际资料，根据这部分样本资料提供的信息，来估计和判断总体的数量特征，以实现对现象的认识。

土地退化的抽样调查以省（自治区、直辖市）为总体，可采用多阶段抽样调查方法。省（自治区、直辖市）抽县（区、旗），县抽村（或相应单元），村调查，用抽样调查结果推算省（自治区、直辖市）总量，相加得出全国总量。也可采用简单成数抽样调查方法，以省（自治区、直辖市）的土地总面积为总体，提取省级、县级观测样点数据，记录处理各样本数据，进而判读、推算全国土地退化总量。

3）"3S"技术集成

遥感监测适用于大范围的地表及覆盖物、退化类型区等信息的获取。利用卫星遥感技术对全国土地退化及防治状况相关指标进行监测，与地面调查技术方法结合，可以获取影响土地退化的因素，分析土地退化类型、分布与强度、治理面积等信息。目前，"3S"技术集成在土地退化评价中获取指标信息等方面发挥了重要作用。

（1）遥感（remote sensing，RS）技术的发展、遥感采集手段的多样性、观测条件的可控性，确保了获得的遥感数据的多源性，即多平台、多波段、多视场、多时相、多角度、多极化的遥感技术提供了丰富的信息。卫星遥感技术在资源调查、监测中发挥了重要的作用，为区域资源系统空间信息的定位研究、资源动态的连续快速监测、结构和功能的定量综合分析提供了强有力的技术支撑。20世纪90年代以来，全球变化研究成为热点，资源遥感迈进了全球变化研究的新阶段，形成了从地面到空中乃至空间，从信息数据收集、处理到分析和应用，对全球进行探测和监测的多层次、多视角、多领域的立体观测体系，成为获取地球资源与环境信息的重要手段，特别是在水土流失动态监测、土地利用变化监测、海洋环境遥感监测、自然灾害监测、生物量估测、环境污染监测等方面，具有不可替代的作用。

利用遥感技术对大范围的土地退化及生态环境进行动态监测和分析具有显著的优势。卫星遥感监测具有信息丰富和获取效率高、精度高等优越性，能在短时间内获取土地退化区域的实况信息，相对于传统土地退化调查方法，能节省大量的时间、人力和物力。此外，利用遥感数据可以获取表征退化土地的多种评价指标，如可准确查明退化土地类型、面积、分布、植被指数等，这对于定量研究土地退化过程、演化规律与发展趋势具有重要的意义。

选用哪一种遥感数据，取决于调查精度、调查面积与数据收集的难度和成本，不同监测尺度选取的遥感数据源是不同的，获取的监测指标也不相同（表4-1）。国家级监测采用中、高分辨率卫星影像（SPOT1～4、MSS、TM、ETM、MODIS），从宏观上把握耕地、林地、草地的数量、退化现状及不同时期各类退化土地面积状况；省市级对国家监测确定的重点监测区采用高分辨率遥感影像（TM、ETM、SPOT5、IKONOS、航片等）进行高精度监测和地面调查，获取土地退化信息。

表 4-1 常用卫星遥感数据影像特征与成图比例尺、监测尺度（米萍萍，2008）

遥感数据	波段数	空间分辨率/m	成图比例尺	监测尺度
MODIS	36 个波段	250，500，1000	1：100 万	国家宏观监测
Landsat 4、5（TM）	7 个波段	30	1：10 万～1：15 万	国家和省级宏观监测
Landsat7 （ETM⁺）	7 个多光谱段	30	1：5 万～1：10 万	国家和省级宏观监测
	1 个全波段	15		
SPOT1～4	3 个多光谱段	20	1：3 万～1：5 万	省级宏观监测
	1 个全波段	10		—
SPOT5	4 个多光谱段	10	1：1 万～1：5 万	微观监测
	1 个全波段	2.5		省级宏观监测
IKONOS 数据	1 个全波段	1	1：5000	微观监测
	3 个多光谱段	4		微观监测

（2）地理信息系统（geographical information system，GIS）诞生于 20 世纪 60 年代，加拿大的汤姆林森（Tomlinson）建立了世界上第一个 GIS——加拿大地理信息系统（Canada Geographic Information System，CGIS）。GIS 的定义多种多样，其中比较准确且被广泛接受的表述为：GIS 是一个能用于进行有效搜集、储存、更新、处理、分析和显示所有形式地理信息的计算机硬件、软件、地理数据和有关人员（用户）的集合。地理信息系统既是一门学科，又是一个技术系统，是描述、存储、分析和输出空间信息理论和方法的一门交叉学科，还是以地理空间数据库为基础，采用地理模型分析方法，实时提供多种空间地理信息，为地理研究和地理决策服务的计算机系统。

GIS 被世界各国普遍接受。1998 年初，美国副总统戈尔提出的"数字地球"在全球掀起热度，使其核心技术 GIS 为各国政府广泛关注。计算机技术、航天技术、遥感技术等相关学科的发展，推动了 GIS 由科研转入实用，形成了新的信息产业。GIS 技术的成熟促进了 GIS 应用领域的扩大，据统计，在人们接触的信息中，有 75%～80%的数据是空间数据。以管理空间数据为主的 GIS 技术已经在全球变化与监测、环境资源、城市规划、土地管理、资源管理、交通管理、矿产资源评价、灾害预测及政府部门等许多领域发挥着越来越重要的作用。

GIS 具有空间数据输入、空间数据存储和检索、数据处理和分析、数据输出等基本功能，在生态环境研究（土地资源、环境监测、生态环境质量评价与预测、生态环境时空变迁过程）中有着广泛的应用。在土地退化监测领域，以 RS 影像为数据源，凭借 GIS 高效的空间数据管理、分析和可视化功能，提取土地退化相关信息，通过属性数据输入、拓扑关系建立和空间分析等，构建土地退化监测信息的数据库。

（3）全球定位系统（global position system，GPS）。20 世纪 80 年代以来，全球定位系统的卫星定位和导航技术与现代通信技术相结合，引发了空间定位技术革命性的变化。用 GPS 同时测定三维坐标的方法，将测绘定位技术从陆地和近海扩展到整个海洋和外层空间，从静态扩展到动态，从单点定位扩展到局部与广域差分，从事后处理扩展到实时定位与导航，绝对和相对精度扩展到米级、厘米级乃至毫米级，从而大大拓宽了其应用范围和提高了在各行各业中的作用。

采用 GPS 精确定位技术，对遥感图像进行精确校正；同时，结合不同时相遥感信息发现的土地退化靶区信息，通过 GPS 野外定期定点监测，获取土地退化的精确资料，辅助 RS 与 GIS 进行土地退化监测与评价。GPS 在土地退化监测研究中的应用主要集中在野外调查和定位监测等方面。①确定固定样线的位置：荒漠化监测中，固定样线布设在 1∶5 万或 1∶10 万的地形图公里网交叉点上，监测范围主要集中在人口密度小、交通方便的地区。对于缺少永久性地物标志的干旱区、半干旱区和亚湿润干旱区，在实测中就要采用 GPS 的导航功能来确定样线的位置。②遥感影像解译标志的确定：GPS 是卫星影像与地面景观匹配定位的工具。遥感影像判读中，利用 GPS 的定位功能找出在影像上不能明确判断的地物，进行现场判读。GPS 在建立遥感影像的解译标志、地形图与卫星影像匹配上起到关键作用。③土地退化信息采集：GPS 单点定位信息是土地退化定位信息采集，特别是小图斑信息获取的重要工具，通过输入 GPS 获取的坐标与属性信息，建立单点信息数据库。

三、土地退化评价指标筛选

在土地退化评价方面，国内外建立了多套指标体系，但由于土地退化的类型多、区域差异大，前文提到的指标可能存在意义重复、数目过多、不易操作、没有可比性等问题。同时，由于指标繁杂，某些指标获取数据难度大，难以运用先进的技术手段来获取，从而增加了工作量。有些地区的评价指标数据直接从信息、统计资料中获得，未经检验，准确性和实用性较差。因此，需要对初设的指标根据具体评价的土地退化类型、评价范围，按照一定的原则和方法进行筛选，以确定合适的评价指标，对土地退化的内涵做出科学、全面的反映。

（一）筛选原则

1）综合性原则

指标选择应有效地反映土地退化特征及其变化情况，不仅包含反映退化土地自然属性的指标，而且应包含反映退化土地生物物理属性的指标，必须具有多样性、综合性。

2）科学性原则

土地退化评价指标的选择以公认的科学理论为依据，充分反映土地退化的内在机制，指标的物理意义必须明确，测算方法标准，统计计算方法规范，具体指标能够反映持续发展的含义和目标的实现程度，这样才能保证评估方法的科学性、评估结果的真实性和客观性。

3）主导性原则

由于土地退化的类型多样，各种类型有一些共同的特征，但也有其各自的特点，在其形成过程中，主导营力是产生土地退化的驱动力。因此，对于每一种类型，要遵循主导因子原则，选择关键性指标开展土地退化评价。

4）可比性原则

指标体系应能使土地退化评价结果在不同国家地区、不同类型之间具有可比性，尽可能采用全球通用的名称、概念与计算方法。同时，也要考虑与历史资料的可比性。

5）实用性原则

指标应该具有典型性、代表性，能够针对不同的评价对象和类型选择不同的指标。选取的评价指标不宜过多，难度不宜过大，以简单、科学、可理解并能直接有效地反映土地退化特征为标准，尽量利用现有统计资料和规范性标准提取指标，以保证技术上的可操作性。指标表达形式应简单化，对指标进行简化处理，同时保持最大信息量。

（二）筛选方法及其应用

评价指标的筛选方法主要有专家咨询法、主成分分析、相关性分析法和单因素最大限制法，每一种方法都有其特点和针对性。因此，在进行土地退化评价时，评价指标的筛选不能局限于某一种方法，应根据评价指标的特性分别采用适宜的方法进行筛选，而且对于同一类指标也可运用多种筛选方法进行比较，这样筛选出的指标才能最大程度地满足评价的要求。

1）专家咨询法

该方法在土地退化评价中应用相当广泛，主要通过组织相当人数的专家对备选的评价指标进行打分，并做出概率估算，将概率估算结果告诉专家，充分发挥信息反馈和信息控制的作用，使分散的评估意见逐渐收敛，最后集中在协调一致的结果上。该方法能够综合多位专家的经验与主观判断，对存在争议的指标比较有效。该方法适宜于前人已经进行了大量研究的指标筛选，如土壤养分、社会经济指标等。

2）主成分分析法

采用主成分分析法对指标进行重组，提取具有严格独立意义的几个主成分作为系统评价的指标。主成分分析法虽然避免了专家咨询等方法的主观倾向，但其是数据统计的机械反映，而且是建立在有样本数据的前提下，很多情况下这样的数据很难得到满足。

3）相关性分析法

相关性分析法利用现有的资料，将土地退化的影响因素与土地利用目标进行相关性分析，同时根据需要设置一定的显著水平，将对土地退化影响显著的因素作为土地退化的评价指标。相关性分析需要土地退化治理目标与影响因素之间是线性关系的前提，一旦这个前提不成立，相关性分析将毫无意义，而且同样受到数据的限制。

主成分分析法、相关性分析法适用于因素比较多、关系比较多的指标筛选，如土地生产力指标。

4）单因素最大限制法

单因素最大限制法认为土地退化是由最能影响土地退化的相关因素决定，因此在性质相同的因素中选择限制性最大的因素作为土地退化评价的指标。单因素最大限制法主要应用于同一类型的指标中具有多个性质相同的因素，但是它们的作用大小存在区别，选择其中影响最大的因素作为评价指标，如污染指标的筛选。

四、土地退化评价的几种主要方法

土地退化评价方法有主成分分析法、聚类分析法、模糊评价法、综合评价法和综合指数法等。这里主要对综合评价法、综合指数法、主成分分析法三种方法进行简要介绍。

（一）综合评价法

对每一个指标分别按照等级赋予相应评分值（0、1、3、5 等），将评价的各项实际测量指标与退化等级进行对比打分，再按照结构、养分、环境、生物等分类统计得分值，最后乘以相应的权重求和得到总分，即土壤退化综合评价指数（SD），具体计算公式为

$$SD = \sum P_i \times \sum M_{ij} \qquad (4.1)$$

式中，SD 为土壤退化综合评价指数；M_{ij} 为第 i 类评价指标（结构、养分、环境、生物）中第 j 个指标的得分值；P_i 为各类指标的权重，可由主成分分析法、层次分析法、专家打分法确定。

（二）综合指数法

综合指数法利用各项指标实际值分别除以各项指标的评价标准值，得出各项指标的评价值；对于各项指标评价值进行加权算术平均，得出综合评价值。这里需要引入"退化距离"和"土地退化综合指数"两个概念。

（1）退化距离（DD）：表征土地退化的某一参评指标的数量值与其相应正常值（未退化的）距离，计算公式为

$$DD_i = D_0 - D_i \tag{4.2}$$

式中，D_i 为某一指标的数量值；D_0 为该指标的正常值。$DD_i \leqslant 0$ 表明在土壤退化方向无退化，$DD_i > 0$ 表明发生了退化，其值越大退化程度越强烈。因为不同土壤指标具有不同的量纲和数量级差别，所以为了便于比较和综合，引入"相对退化距离"的概念，表示为 DDR_i：

$$DDR_i = \frac{(D_0 - D_i)}{D_0} = 1 - \frac{D_i}{D_0} \tag{4.3}$$

对于符合正态分布的退化指标（如 pH、粉黏比），其退化距离和相对退化距离采用如下公式表示：

$$DD_i = |D_0 - D_i|; \quad DDR_i = |D_0 - D_i| / D_0 = |1 - D_i / D_0| \tag{4.4}$$

（2）土地退化综合指数（S_d）是指退化土地在不同退化指标所在轴方向上的总体平均状况，采用如下公式进行计算：

$$S_d = \sqrt[n]{\prod(DDR_i)} \tag{4.5}$$

式中，$\prod$ 为连乘符号；n 为退化指标的个数；DDR_i 为退化指标的相对退化距离。

（三）主成分分析法

土地质量是自然因素和社会经济因素综合作用的结果，分析各因素综合作用的特性，就能综合判断土地退化程度的高低。由于影响土地退化的因素种类繁多，影响强度相差甚远，因此科学地选择指标对于土地退化评价具有重要意义。主成分分析法是把原来多个变量指标化为少数几个综合指标的一种统计分析方法，从数学角度来看，这是一种降维处理技术，即用较少几个综合指标来代表原来较多的变量指标，而且使这些较少的综合指标能尽量多地反映原来较多指标反映的信息，同时它们之间又是彼此独立的。

第四节　土地退化评价体系

至今土地退化评价尚无统一的技术标准。目前，我国土地退化与防治工作分属国家林业和草原局、农业农村部、水利部、生态环境部管理，存在着交叉重复和职责不清的问题。国外有关土地退化评价的体系主要有 4 种：以指标体系为基础的绝对退化评价 GLASOD，生产力与经营水平相结合的相对退化评价 ASSOD，以生态系统中植被土壤地形差异退化为依据的多样性评价 RUSSIA，FAO 和 UNEP 的干旱土地退化评估体系 LADA。

一、我国土地退化评价体系

（一）土地沙化评价体系

土地沙化现状评价是指在特定的时间和地域的条件下，对土地单元的退化程度进行分等定级。用于沙化评价的指标种类繁多，各种指标考虑的影响因子也不尽相同，评价的准确性依赖于相互验证。目前，土地沙化评价的国家标准主要有三个：《沙化土地监测技术规程》（GB/T 24255—2009）、《土地荒漠化监测方法》（GB/T 20483—2006）和《天然草地退化、沙化、盐渍化的分级指标》（GB 19377—2003）。

1. 《沙化土地监测技术规程》

《沙化土地监测技术规程》（GB/T 24255—2009）将沙化土地划分为流动沙地（丘）、半固定沙地（丘）、固定沙地（丘）、露沙地、沙化耕地、非生物治沙工程地、风蚀残丘、风蚀劣地和戈壁 9 个类型。根据植被特征，将沙化土地程度分为四个等级，详见表 4-2。

表 4-2　沙化土地程度分级

沙化土地程度分级	特征
轻度沙化土地	植被覆盖度≥50%，基本无风沙流活动的沙化土地，缺苗率<20%
中度沙化土地	30%≤植被覆盖度<50%，风沙流活动不明显的沙化土地，20%≤缺苗率<30%
重度沙化土地	10%≤植被覆盖度<30%，风沙流活动明显或流沙纹理明显可见的沙化土地，缺苗率≥30%
极重度沙化土地	植被覆盖度<10%

注：引自《沙化土地监测技术规程》（GB/T 24255—2009）。

2. 《土地荒漠化监测方法》

《土地荒漠化监测方法》（GB/T 20483—2006）监测内容包括植被覆盖度、覆沙厚度、土壤质地、覆沙面积、地表形态，根据表 4-3 各项计算积分，按表中所列指标确定严重程度。

表 4-3 荒漠化计算积分表

植被覆盖度	亚湿润干旱区植被覆盖度/%	<10	10～29	30～49	50～69	≥70
	干旱、半干旱区植被覆盖度/%	<10	10～24	25～39	40～59	≥60
	评分	40	30	20	10	4
覆沙厚度/cm		<5	5～19	20～49	50～99	≥100
评分		1	4	8	11	15
土壤质地		黏土	壤土	砂壤土	壤砂土	砂土
砾石含量/%		<1	1～14	15～29	30～49	≥50
评分		1	5	10	15	20
地表形态		平沙地或沙丘厚度≤2m	沙丘厚度2.1～5.0m	沙丘厚度5.1～10.0m	戈壁、风蚀劣地裸土地或沙丘厚度>10.0m	
评分		6	13	19	25	

注：引自《土地荒漠化监测方法》（GB/T 20483—2006）；四项得分合计≤18 为非荒漠化，19～37 为轻度荒漠化，38～61 为中度荒漠化，62～84 为重度荒漠化，≥85 为极重度荒漠化。

3. 《天然草地退化、沙化、盐渍化的分级指标》

《天然草地退化、沙化、盐渍化的分级指标》（GB 19377—2003）以植物群落特征、指示植物、地上部产草量为监测指标，将草地沙化程度按表 4-4 分为未沙化、轻度沙化、中度沙化和重度沙化四个等级。

（二）土地盐渍化评价体系

由于人类不合理的开发利用及生态环境的急速恶化，土壤盐渍化已成为全球共同面临的问题。土地盐渍化评价是对土地盐渍化过程进行适时的监测和评价，掌握土地盐渍化发生的动态和机理，及时准确地评价土地盐渍化发生的程度，是建立土地盐渍化监测预警系统的基础。目前针对盐渍化评价的问题，前人已经开展了大量的研究，但是至今尚未形成统一的标准。关于限定条件下的盐渍化评价已有相关国家及行业标准，如国家标准《天然草地退化、沙化、盐渍化的分级指标》（GB 19377—2003）、《盐渍土地区建筑技术规范》（GB/T 50942—2014）及海洋行业标准《滨海土壤盐渍化监测与评价技术规程》（HY/T 0320—2021）等。

表 4-4　草地沙化程度分级表

监测项目			草地沙化程度分级			
			未沙化	轻度沙化	中度沙化	重度沙化
必须监测项目	植物群落特征	植被组成	沙生植物为一般伴生种或偶见种	沙生植物成为主要伴生种	沙生植物成为优势种	植被很稀疏仅存少量沙生植物
		草地总覆盖度相对百分数的减少率/%	0~5	6~20	21~50	>50
	指示植物	草地沙漠化指示植物个体数相对百分数的增加率/%	0~5	6~10	11~40	>40
	地上部产草量	总产草量相对百分数的减少率/%	0~10	11~15	16~40	>40
		可食草产量占地上部总产草量相对百分数的减少率/%	0~10	11~20	21~60	>60
辅助监测项目	地形特征		未见沙丘和风蚀坑	较平缓的沙地,固定沙丘	平缓沙地,小型风蚀坑,基本固定或半固定沙丘	中、大型沙丘,大型风蚀坑,半流动沙丘
	裸沙面积占草地地表面积相对百分数的增加率/%		0~10	11~15	16~40	>40
	0~20cm 土层的土壤理化性质	机械组成	>0.05mm 粗砂粒含量相对百分数的增加率/%	0~10	11~20	21~40	>40
			<0.01mm 物理性黏粒含量相对百分数的减少率/%	0~10	11~20	21~40	>40
		养分含量	有机质含量相对百分数的减少率/%	0~10	11~20	21~40	>40
			全氮含量相对百分数的减少率/%	0~10	11~20	21~25	>25

注:引自《天然草地退化、沙化、盐渍化的分级指标》(GB 19377—2003);50%以上的必须监测项目指标达到沙化退化级规定值时,则该草地视为沙化草地,并以必须监测项目达标最多的沙化级别确定为该草地的沙化级别;70%以上的必须监测项目指标未达到各级沙化草地标准时,则认定该草地为未沙化草地。

1.《天然草地退化、沙化、盐渍化的分级指标》

《天然草地退化、沙化、盐渍化的分级指标》(GB 19377—2003)按照退化、沙化、盐渍化分别给定监测指标，包含必须监测项目与辅助监测项目，给定了不同程度分级各指标的取值范围，并按照监测指标的达标率进行分级，具体盐渍化程度分级及相关分级指标见表 4-5。

表 4-5　草地盐渍化程度分级与分级指标

监测项目		草地盐渍化程度分级			
		未盐渍化	轻度盐渍化	中度盐渍化	重度盐渍化
必须监测项目	草地群落特征	耐盐碱指示植物	盐生植物少量出现	耐盐碱植物成为主要伴生种	耐盐碱植物占绝对优势	仅存少量稀疏耐盐碱植物，不耐盐碱的植物消失
		草地总覆盖度相对百分数的减少率/%	0～5	6～20	21～50	>50
	地上部产草量	总产草量相对百分数的减少率/%	0～10	11～20	21～70	>70
		可食草产量占地上部总产草量相对百分数的减少率/%	0～10	11～20	21～40	>40
	地表特征	盐碱斑面积占草地总面积相对百分数的增加率/%	0～10	11～15	16～30	>30
	0～20cm 土层理化性质	土壤含盐量相对百分数的增加率/%	0～10	11～40	41～60	>60
		pH 相对百分数的增加率/%	0～10	11～20	21～40	>40
辅助监测项目	地下水	潜水位/cm	200～300	150～200	100～150	100～150
		矿化度相对百分数的增加率/%	0～10	11～20	21～30	>30
	0～20cm 土壤养分	有机质含量相对百分数的减少率/%	0～10	11～20	21～40	>40
		全氮含量相对百分数的减少率/%	0～10	11～20	21～25	>25

注：引自《天然草地退化、沙化、盐渍化的分级指标》（GB 19377—2003）。

2. 《盐渍土地区建筑技术规范》

《盐渍土地区建筑技术规范》（GB/T 50942—2014）将盐渍土评价指标按照盐的化学成分及含盐量两种方法进行评价，具体见表 4-6 和表 4-7。

表 4-6　盐渍土按盐的化学成分分类

盐渍土名称	$\dfrac{c(\mathrm{Cl}^-)}{2c(\mathrm{SO_4^{2-}})}$	$\dfrac{2c(\mathrm{CO_3^{2-}})+c(\mathrm{HCO_3^-})}{c(\mathrm{Cl}^-)+2c(\mathrm{SO_4^{2-}})}$
氯盐渍土	>2.0	—
亚氯盐渍土	>1.0，≤2.0	—
亚硫酸盐渍土	>0.3，≤1.0	—
硫酸盐渍土	≤0.3	—
碱性盐渍土	—	>0.3

注：引自《盐渍土地区建筑技术规范》（GB/T 50942—2014）；单位为 mmol/0.1g 土。

表 4-7　盐渍土按含盐量分类

盐渍土名称	盐渍土层的平均含盐量（%）		
	氯盐渍土及亚氯盐渍土	硫酸盐渍土及亚硫酸盐渍土	碱性盐渍土
弱盐渍土	≥0.3，<1.0	—	—
中盐渍土	≥1.0，<5.0	≥0.3，<2.0	≥0.3，<1.0
强盐渍土	≥5.0，<8.0	≥2.0，<5.0	≥1.0，<2.0
超盐渍土	≥8.0	≥5.0	≥2.0

注：引自《盐渍土地区建筑技术规范》（GB/T 50942—2014）。

3. 《滨海土壤盐渍化监测与评价技术规程》

《滨海土壤盐渍化监测与评价技术规程》（HY/T 0320—2021）主要针对滨海区域土壤盐渍化进行监测与评价，给出了滨海土壤盐渍化类型划分标准（表 4-8）和盐渍化程度划分标准（表 4-9）。

表 4-8　滨海土壤盐渍化类型划分标准

盐渍化类型	$c(\mathrm{Cl}^-)/c(\mathrm{SO_4^{2-}})$
硫酸盐型（$\mathrm{SO_4^{2-}}$）	<0.5
氯化物-硫酸盐型（$\mathrm{Cl}^-\text{-}\mathrm{SO_4^{2-}}$）	0.5~1.0
硫酸盐-氯化物型（$\mathrm{SO_4^{2-}}\text{-}\mathrm{Cl}^-$）	1.0~4.0
氯化物型（Cl^-）	>4.0

注：引自《滨海土壤盐渍化监测与评价技术规程》（HY/T 0320—2021）。

表 4-9　滨海土壤盐渍化程度划分标准

等级	盐渍化类型			
	氯化物型 （含盐量/%）	硫酸盐-氯化物型 （含盐量/%）	氯化物-硫酸盐型 （含盐量/%）	硫酸盐型 （含盐量/%）
非盐渍化土	<0.15	<0.2	<0.25	<0.3
轻度盐渍化土	0.15～0.3	0.2～0.3	0.25～0.4	0.3～0.6
中度盐渍化土	0.3～0.5	0.3～0.6	0.4～0.7	0.6～1.0
重度盐渍化土	0.5～0.7	0.6～1.0	0.7～1.2	1.0～2.0
盐土	>0.7	>1.0	>1.2	>2.0

注：引自《滨海土壤盐渍化监测与评价技术规程》（HY/T 0320—2021）。

（三）土地贫瘠化评价体系

土地贫瘠化评价指标体系大致可分为两大类。一类是描述性指标，即定性指标；另一类是分析性定量指标。以往的土壤养分评价侧重定性评价和单因素评价，传统的定量化描述存在较大的主观随意性。随着黑箱方法、模糊数学方法和多元统计分析方法等现代研究方法的广泛应用，选择土壤的各种属性进行定量分析，获取分析数据，然后确定数据指标的阈值和最适值的土壤养分评价方法逐渐侧重定量评价和多因素的综合评价。此外，误差逆传播（BP）神经网络、主成分分析法、灰色关联分析法和模糊综合评判法具有较好的应用效果。综合定量化研究在较大程度上避免了评价者主观因素的影响，已成为土壤养分评价的一个趋势。

目前，专门针对土地贫瘠化的评价还没有一个统一标准，但是关于耕地质量等级已有相应的国家标准及行业标准，耕地质量等级变相地反映了土壤贫瘠化的水平。国家标准《耕地质量等级》（GB/T 33469—2016）分别选取了有效土层厚度、有机质含量、耕层质地、土壤容重、质地构型、土壤养分含量、酸碱度、耕层厚度等参数作为评价指标，采用层次分析法和特尔斐法确定指标权重及隶属度，最终得出综合指数用于等级划分，东北地区耕地质量等级划分详见表 4-10。

表 4-10　东北地区耕地质量等级划分

指标	等级									
	一等	二等	三等	四等	五等	六等	七等	八等	九等	十等
地形部位	岗平地、宽谷岗地、河流二级阶地		岗平地、河谷阶地、漫岗缓坡地、台地			河漫滩、低阶地、漫岗缓坡地、岗坡地、山地下部		岗间洼地、河漫滩、阶地、岗顶岗坡地		
有效土层厚度/cm	≥100			80～100		60～80		<60		
有机质含量/（g/kg）	≥20			15～25		10～20		<10		
耕层质地	中壤、重壤、砂壤		砂壤、轻壤、中壤、重壤			砂壤、轻壤、黏土		砂土、黏土		
土壤容重	适中					偏轻或偏重				
质地构型	上松下紧型、海绵型		松散型、紧实型、夹黏型					夹砂型、上紧下松型、薄层型		
土壤养分状况	最佳水平		潜在缺乏或养分过量					养分贫瘠		
土壤健康状况	生物多样性	丰富		一般				不丰富		
	清洁程度	清洁、尚清洁								
障碍因素	无障碍因素		较少或较轻，有轻度盐碱			较少或较重，中度盐碱或钙积层、白浆层等障碍层次、耕层浅		多或重，重度盐碱。潜育化障碍或砂砾层、砂漏层等障碍层次		
灌溉能力	充分满足		满足			基本满足		不满足		
排水能力	充分满足		满足			基本满足		不满足		
农田林网化程度	高		中			低				
酸碱度（pH）	5.5～6.5、6.5～7.5					7.5～8.5		≥8.5、<5.5		
耕层厚度/cm	≥25		20～25			15～25		<15		

注：引自《耕地质量等级》（GB/T 33469—2016）；对判定为轻度污染、中度污染和重度污染的耕地，应提出耕地限制性使用意见，采取有关措施进行耕地环境质量修复。

（四）土地侵蚀状况评价体系

我国土地侵蚀评价的相关标准主要有两个，分别是《土壤侵蚀分类分级标准》（SL 190—2007）和《水土流失危险程度分级标准》（SL 718—2015），均由水利部发布。前者主要规定了土壤侵蚀的强度及程度分级标准，后者主要是对水土流失（土壤侵蚀）的危险程度划分进行规定。

1.《土壤侵蚀分类分级标准》

《土壤侵蚀分类分级标准》（SL 190—2007）根据土壤侵蚀发生的外营力，将全国土壤侵蚀区划分为 3 个一级土壤侵蚀类型区。同时，根据地形、地质、地貌、土壤等因素在 3 个一级区的基础上划分了 9 个二级类型区，具体如下。

1）水力侵蚀类型区

（1）西北黄土高原区：主要在黄河上中游。

（2）东北黑土区（低山丘陵区和漫岗丘陵区）：主要在松辽流域。

（3）北方土石山区：主要流域为淮河流域、海河流域，气候属于暖温带半湿润、半干旱区。

（4）南方红壤丘陵区：主要分布在长江流域，主要土壤为红壤、黄壤。

（5）西南土石山区：气候为热带、亚热带气候，主要流域为珠江流域，岩溶地貌发育。

2）风力侵蚀类型区

（1）"三北"戈壁沙漠及沙地风沙区：主要分布在西北、华北、东北的西部，包括青海、新疆、甘肃、宁夏、内蒙古、陕西、黑龙江等省（自治区）的沙漠戈壁和沙地。

（2）沿海环湖滨海平原风沙区：主要分布在山东黄泛平原、鄱阳湖滨湖沙山及福建、海南滨海区，位于湿润或半干旱地区，植被覆盖度高。

3）冻融侵蚀类型区

（1）北方冻融土壤侵蚀区：主要分布在东北大兴安岭山地及新疆的天山山地。

（2）青藏高原冰川冻土侵蚀区：主要分布在青藏高原和高山雪线以上。

根据不同的侵蚀类型区规定容许土壤流失量，见表 4-11，并在此基础上规定了土壤水力侵蚀的强度分级标准，见表 4-12。其中，容许土壤流失量为只在经济和长期维持较高土地生产力水平前提下的最大土壤侵蚀水平。

表 4-11　各侵蚀类型区容许土壤流失量

侵蚀类型区	容许土壤流失量/[t/(km²·a)]
西北黄土高原区	1000
东北黑土区	200
北方土石山区	200
南方红壤丘陵区	500
西南土石山区	500

表 4-12　土壤水力侵蚀强度分级

水力侵蚀强度分级	平均侵蚀模数/ [t/(km²·a)]	平均流失厚度/（mm/a）
微度	<200，<500，<1000 （分别针对东北黑土区和北方土石山区,南方红壤丘陵区 和西南土石山区,西北黄土高原区,下同）	<0.15，<0.37，<0.74
轻度	200，500，1000～2500	0.15，0.37，0.74～1.9
中度	2500～5000	1.9～3.7
强烈	5000～8000	3.7～5.9
极强烈	8000～15000	5.9～11.1
剧烈	>15000	>11.1

注：流失厚度按照土的容重为 1.35g/cm³ 折算，各地可按当地土壤容重计算。

2.《水土流失危险程度分级标准》

《水土流失危险程度分级标准》（SL 718—2015）中，水土流失危险程度表示植被遭到破坏或地表被扰动后，引起或加剧水土流失的可能性及危害程度的大小，也称为土壤侵蚀危险程度。

该标准中的水力侵蚀危险程度等级划分规定了两种方法：采用抗蚀年限进行判别和采用植被自然恢复年限和地面坡度进行判别。

风力侵蚀危险程度等级的划分采用的指标为地表形态（或植被覆盖度）和气候干湿地区类型。

滑坡危险程度等级划分采用的指标为潜在危害程度和滑坡稳定性。

泥石流危险程度等级划分采用的指标为潜在危害程度及泥石流发生可能性。

该标准的重点在于评判植被遭到破坏或者地表被扰动后，引起或者加剧水土流失的可能性，对于土地退化评价来说主要是评价土地退化发生的程度。

（五）土地损毁评价体系

土地损毁程度揭示了土地的可供利用范围及在利用上的欠缺性。对损毁土地进行损毁程度评价是土地复垦工作的一项内容，评价结果对于土地复垦适宜性评价、土地复垦对策的制订、复垦方向的选择、复垦方案的编制、复垦工艺及复垦工程的实施等都具有一定的指导意义，能更好地指导损毁土地的复垦工作。土地损毁可以分为三个类型：土地压占、土地挖损、土地塌陷。目前关于土地损毁尚未形成相关的评价标准。

（六）土地污染评价体系

为贯彻落实《中华人民共和国环境保护法》，保护农用地土壤环境，管控农用地土壤污染风险，保障农产品质量安全、农作物正常生长和土壤生态环境，2018年6月生态环境部发布了《土壤环境质量 农用地土壤污染风险管控标准（试行）》（GB 15618—2018），于2018年8月1日正式实施。该标准规定了农用地土壤污染风险筛选值和管制值，以及监测、实施与监督要求。规定了农用地土壤中镉、汞、砷、铅、铬、铜、镍、锌等基本项目及六六六、滴滴涕、苯并[a]芘等其他项目的风险筛选值；规定了农用地土壤中镉、汞、砷、铅、铬的风险管制值。该标准适用于耕地土壤污染风险筛查和分类。

同时，为加强建设用地土壤环境监管，管控污染地块对人体健康造成的风险，保障人居环境安全，生态环境部发布了《土壤环境质量 建设用地土壤污染风险管控标准（试行）》（GB 36600—2018），于2018年8月1日正式实施。该标准规定了保护人体健康的建设用地土壤污染风险筛选值和管制值，以及监测、实施与监督要求，并与建设用地土壤质量调查、监测、评估和修复系列标准相配套：《建设用地土壤污染状况调查技术导则》（HJ 25.1—2019）、《建设用地土壤污染风险管控和修复监测技术导则》（HJ 25.2—2019）、《建设用地土壤污染风险评估技术导则》（HJ 25.3—2019）、《建设用地土壤修复技术导则》（HJ 25.4—2019）。规定了第一类用地（居住用地、公共管理与公共服务用地中的中小学用地、医疗卫生用地和社会福利设施用地、公园绿地中的社区公园或儿童公园用地等）和第二类用地（工业用地、物流仓储用地、商业服务业设施用地、道路与交通设施用地、公用设施用地、公共管理与公共服务用地、绿地与广场用地（社区公园或儿童公园用地除外）等）的筛选值和管制值，为我国今后的土体和土壤污染修复工作提供了依据。

此外，国家林业和草原局发布的《全国荒漠化和沙化监测技术规定》（修订稿）中，根据植被覆盖度、作物生长情况、沙化土地类型，将沙化程度分为轻度、中度、重度、极重度四级，同时根据土地利用类型，提出了风蚀、水蚀、盐渍化及冻融荒漠化的程度评价指标及标准。

二、国外土地退化评价体系

全球人为作用下的土壤退化（GLASOD）是由国际土壤参考资料和信息中心（International Soil Reference and Information Center，ISRIC）制订的应用于全球特别是非洲区域的全球土壤退化评价。它通过一整套指标体系直接反映气候与人为共同作用下土地退化的现实状态，通过土地退化的面积的发展变化，宏观上掌握土地退化的状态。该体系认为土壤退化是人类引起的现象，将土地退化按照营力类型划分为风沙侵蚀、水土流失、物理退化、化学退化四种类型，并提出植被覆盖度、表土损失、风蚀形态面积占比等评价指标。该体系是对土地绝对退化的描述，采用了 4 级分级法，将土地退化划分为轻、中、重、极重 4 个等级。

南亚及东南亚人为作用下的土壤退化（ASSOD）也由 ISRIC 制订，是针对南亚及东南亚 17 个国家提出的人为作用下的土壤退化。该体系认为，人为作用对农业生产系统生产力影响较大，并提出通过生产力变化的幅度和农业经营活动水平（人类影响的强度）2 种指标来共同确定土壤退化的程度，土地生产力下降越大、农业投入越高，退化程度越高。ASSOD 将土地退化的现状与人为影响的强弱两方面结合起来，间接反映退化的相对大小，评价的结果代表了土地的相对退化，并用生产力的退化程度代替土壤退化程度，采用 5 级分级法。

RUSSIA 是由俄罗斯科学院和莫斯科大学提出的，针对咸海地区的土壤退化评价方法。RUSSIA 与前两种主要用土壤退化代表土地退化的单因素评价体系不同，它用多样性的概念将土壤、植被和地形综合起来进行多因素评价，属于真正综合的土地退化评价。该方法在分别确定植被、土壤和地形退化程度的基础上，根据植被、土壤和地形程度间变异幅度的大小，即多样性的大小，综合进行退化状态的评价，体现了各因素差异退化的思想。差异大，多样性高，总体退化状态低；差异小，多样性低，即景观一致性强，恢复和治理难度大，总体退化程度就高。该体系认为，生态系统受外界干扰发生退化时，植被、地形、土壤几方面演替速度不一，植被演替相对较快，土壤地形相对较慢。从景观生态学角度来看，退化程度由轻向重发展，景观异质性向均质性变化，营力类型逐渐减少，因此该体系用荒漠化空间异质性即景观多样性来评价荒漠化程度。多样性高低取决于制图单元里植被、土壤和地形退化程度间的差异。差异大，空间异质性强，则多样性高，总体退化程度低。在营力的划分上，将其分为灌溉、木业、技术和樵采四大类，细分为 16 个成因，并依据营力将退化分为生物和非生物两大类景观，共 5 类、13 亚类。生物景观包括龟裂、固定沙漠；非生物景观包括盐渍荒漠、流动沙漠、劣地。该体系是对土地差异退化的描述，采用 6 级分级法。

联合国粮农组织（FAO）和联合国环境规划署（United Nations Environment Programme，UNEP）的干旱区土地退化评估（land degradation assessment in drylands，LADA）项目，提出了比较完整的土地退化评价指标体系，是国外最具代表性的土地退化评价指标体系。LADA 项目有六个示范国：阿根廷、中国、古巴、塞内加尔、南非和突尼斯。该体系应用的技术手段包括卫星遥感、数据库、土壤和植被的样地监测等，综合了社会经济和自然等方面的指标和内容。该体系方法基于的设想是，人类活动是土地退化的主要驱动力。因此，不同层面的土地利用系统制图是项目方法的基本内容，分析土地退化的因果关系是非常重要的。LADA 采用参与式评估、专家咨询和能力建设等多种方法。

LADA 研究和选择了一系列指标，能够在全球、国家和当地层面评价土地退化及其影响，这些指标相对容易获得和测量，因此成本比较低。LADA 指标体系涉及土地的多个方面因素，这样可以有效地描述土地、土地退化及其对生态系统的影响。

三、土地退化评价体系研究方面存在的问题

土地退化评价体系设计的目标在于从不同侧面对退化这一个复杂现象和过程进行全面描述。目前，各类土地退化评价体系存在的问题主要有以下几个方面。

1）缺乏权威的土地退化分类体系

截至目前，国际和国内还没有一个权威的土地退化分类体系，各行业部门大多根据自己的需要进行分类，现有的分类系统大多存在土地退化的类型涵盖不全或者分类之间存在交叉重叠的现象。

2）各评价体系缺乏协调性

各行业部门制订的国家标准、行业标准或技术规定之间缺乏协调，存在许多不一致。一方面是使用的术语、采用的指标、调查方法、分级标准等存在不同程度的差异；另一方面是评价的各指标间相互交叉、重复甚至冲突。由此造成研究应用中多有不便。

3）评价指标数据获取困难

除植被覆盖度、风成物覆盖率等指标利用遥感手段比较容易获得外，其他指标一般需要投入大量的人力物力进行野外实测，获取数据的难度大。

4）评价指标阈值带有主观性且难以体现区域差异

评定退化程度等级的指标阈值往往是凭经验确定的，缺乏对指标阈值的界定，且难以体现区域差异，这使得不同自然条件下的土地在同一标准下被评价，导致夸大或低估某些区域的土地退化程度。

因此，加强对土地退化评价指标体系研究，建立全面系统的评价指标体系，及时准确地掌握退化土地的现状、动态及生态环境因素，有利于土地退化防治及土地整治利用。

参 考 文 献

米萍萍, 2008. 土地退化监测体系设计研究[D]. 哈尔滨: 东北农业大学.

牛星, 高永, 邢铁鹏, 等, 2010. 荒漠化监测与评价研究进展[J]. 内蒙古林业科技, 36(3): 51-55.

生态环境部, 2019a. 建设用地土壤污染风险管控和修复监测技术导则: HJ 25.2—2019[S]. 北京: 中国环境科学出版社.

生态环境部, 2019b. 建设用地土壤污染风险评估技术导则: HJ 25.3—2019[S]. 北京: 中国环境科学出版社.

生态环境部, 2019c. 建设用地土壤修复技术导则: HJ 25.4—2019[S]. 北京: 中国环境科学出版社.

生态环境部, 国家市场监督管理总局, 2018a. 土壤环境质量 建设用地土壤污染风险管控标准(试行): GB 36600—2018[S]. 北京: 中国环境科学出版社.

生态环境部, 国家市场监督管理总局, 2018b. 土壤环境质量　农用地土壤污染风险管控标准(试行): GB 15618—
　　2018[S]. 北京: 中国环境科学出版社.

赵媛媛, 高广磊, 秦树高, 等, 2019. 荒漠化监测与评价指标研究进展[J]. 干旱区资源与环境, 33(5): 81-87.

中华人民共和国国家市场监督管理总局, 2003. 天然草地退化、沙化、盐渍化的分级指标: GB 19377—2003[S]. 北
　　京: 中国标准出版社.

中华人民共和国国家市场监督管理总局, 中国国家标准化管理委员会, 2006. 土地荒漠化监测方法: GB/T 20483—
　　2006[S]. 北京: 中国标准出版社.

中华人民共和国国家市场监督管理总局, 中国国家标准化管理委员会, 2009. 沙化土地监测技术规程: GB/T 24255—
　　2009[S]. 北京: 中国标准出版社.

中华人民共和国国家市场监督管理总局, 中国国家标准化管理委员会, 2016. 耕地质量等级: GB/T 33469—2016[S].
　　北京: 中国标准出版社.

中华人民共和国水利部, 2007. 土壤侵蚀分类分级标准: SL 190—2007[S]. 北京: 中国水利水电出版社.

中华人民共和国水利部, 2015. 水土流失危险程度分级标准: SL 718—2015[S]. 北京: 中国水利水电出版社.

中华人民共和国住房和城乡建设部, 中华人民共和国国家市场监督管理总局, 2014. 盐渍土地区建筑技术规范:
　　GB/T 50942—2014[S]. 北京: 中国计划出版社.

中华人民共和国自然资源部, 2021. 滨海土壤盐渍化监测与评价技术规程: HY/T 0320—2021[S]. 北京: 中国标准出
　　版社.

第五章 土地退化防治方法与技术

土地退化已成为全球社会经济发展和生态环境保护的制约因素。由于土地退化程度高、分布范围广、形成原因复杂，土地退化的趋势难以从根本上得到遏制。本章针对不同类型退化土地，分类整理土地退化防治原则及原理，提出适宜的防治技术与措施，并探索防治措施的适用条件，为全球土地退化防治提供科学依据。

第一节 沙化型土地退化防治

一、沙化型土地退化防治原则

（1）保护和恢复植被与合理利用自然资源相结合。

（2）注意发挥生态系统自然修复功能，强化保护，因地制宜，综合治理。

（3）增强沙地抗风蚀、抗旱、抗寒、抗逆性。

（4）国家支持与地方自力更生相结合，政府组织与社会参与相结合，鼓励单位、个人承包防治任务。

（5）依法保障防沙治沙者的合法权益。

二、沙化型土地退化防治原理

（一）植物治沙基本原理

植物治沙是根据植物对沙的不同适应性与功能，研究在沙地上恢复和建立植被，以取得最佳防风固沙效果。植物是流沙上重建人工生态系统的最主要的角色，植物治沙需要具备植物成活、生长、发育的必要条件。因此，利用植物改造沙质荒漠化土地，首要问题是植物在流沙上如何成活与保存，以及改造流沙环境的生态功能。

1. 植物对流沙环境的适应性原理

流沙上分布的天然植物种类和数量很少，但它们却有规律地分布在一定的流沙环境之中，对不同的流沙环境有各自的要求与适应性。这种特性是长期自然选择的结果，是植物对流沙环境具有一定适应能力的反映。

由于自然界已经产生了能够适应流沙环境的植物，人们可以利用这些植物在流沙地区恢复和建立植被，这便是植物治沙的物质条件和理论基础。严酷的流沙环境对植物的影响是多方面的，其中干旱和流沙的活动性是影响植物最普遍、最深刻的两个限制因素，是制订各项植物治沙技术措施的主要依据。植物具备对流沙的适应性（表 5-1）。

表 5-1　沙生植物对不同流沙环境的适应性

限制因素	植物适应特征
干旱	萌芽快、根系生长迅速而发达；具有旱生形态结构和生理机能；植物化学成分发生变化
风蚀、沙埋	速生型适应、稳定型适应、选择性适应、多种繁殖型适应
流沙环境变异性	随着环境变化，植物的组成、种类、数量和结构发生相应改变

2. 植物对流沙环境的作用原理

1）植物固沙作用

植物以其茂密的枝叶和聚积枯落物庇护表层沙粒，避免风的直接作用。同时，植物作为沙地上一种具有可塑性结构的障碍物，可使地面粗糙度增大，大大降低近地层风速。植物可加速土壤形成过程，提高黏结力，根系起到固结沙粒的作用；植物还能促进地表形成"结皮"，从而提高临界风速值，增强抗风蚀能力，起到固沙作用。其中，植物降低风速作用最为明显也最为重要。植物降低近地层风速的作用大小与覆盖度有关，覆盖度越大，风速降低值越大。不同植物种对地表庇护能力不同。当植物固沙起作用，沙面逐渐稳定后，便开始了成土过程。据有关研究结果，宁夏沙坡头地区在植被覆盖下的成土作用，每年约以 1.73mm 的厚度发展。地表形成的"结皮"可抵抗 25m/s 的强风（风洞试验），因此能起到很好的固沙作用。

2）植物的阻沙作用

根据风沙运动规律，输沙量与风速的三次方呈正相关，风速被削弱后，搬运能力下降，输沙量减少。植物尤其是叶片具有高效的拖风阻沙作用，在降低近地层风速、减轻地表风蚀的同时，风速降低还可使风沙流中沙粒下沉堆积，起到阻沙作用。

风沙流是一种贴近地表的运动现象，因此不同植物固沙和阻沙能力的大小主要取决于近地层枝叶分布状况。近地层枝叶浓密、控制范围较大的植物，固沙和阻沙能力也较强。在乔、灌、草三类植物中，灌木多在近地表外丛状分枝，固沙和阻沙能力较强。乔木只有单主干，固沙和阻沙能力较小，有些乔木树冠已郁闭，表层沙仍继续流动。多年生草本植物基部丛生，也具固沙和阻沙能力，但相较灌木植株低矮，固沙范围和积沙数量均较低，加之入冬后地上部分全部干枯，所积沙堆因重新裸露而遭吹蚀，因此不稳定。这也正是在治沙工作中选择植物种时首选灌木的原因之一。不同灌木其近地层枝叶分布情况和数量亦不同，其固沙和阻沙能力也有差异，因此选择时应进一步分析。

3）植物改善小气候作用

小气候是生态环境的重要组成部分。流沙上植被形成以后，小气候将得到很大改善。在植被覆盖下，反射率、风速、水面蒸发量显著降低，空气的相对湿度提高。随植被覆盖度增大，植被对小气候影响也越显著。小气候改变后，反过来影响流沙环境，使流沙趋于固定，加速成土。

4）植物对风沙土的改良

植物固定流沙以后，大大加速了风沙土的成土过程。植物对风沙土的改良作用，主要表现在以下几个方面：①机械组成发生变化，粉粒、黏粒含量增加；②物理性质发生变化，密度、容重减小，孔隙度增加；③水分利用特性发生变化，田间持水量增加，透水性减小；④有机质含量增加；⑤氮磷钾元素含量增加；⑥土地微生物数量增加。

（二）风蚀沙化地的防治原理

制订风蚀沙化地防治的技术措施，主要依据土地风蚀原因及风沙运动规律，即蚀积原理。产生风蚀必须具备一定的条件，一要有强大的风，二要有裸露、松散、干燥的沙质地表或易风化的基岩。根据风蚀产生的条件和风沙流结构特征，采取的技术措施有多种，其原理和途径可概括为下述几个方面。

1）增大地表粗糙度，降低近地层风速

当风沙流经过地表时，对地表土地颗粒（或沙粒）产生动压力，使沙粒运动，风的作用力大小与风速大小直接相关，作用力与风速的二次方成正比。当风速增大，风对沙粒产生的作用力增大，反之作用力减小。同时，根据风沙运动规律，输沙率也受风速大小影响，风速越大，其输沙能力就越大，对地表侵蚀力也越强。因此，降低风速可以降低风的作用力，也可降低风挟带沙子的能量，使沙子下沉堆积。近地层风受地表粗糙度影响，地表粗糙度越大，对风的阻力就越大，风速被削弱降低。因此，可以通过植树种草或布设障蔽以增大地表粗糙度、降低风速、削弱气流对地面的作用力，从而达到固沙和阻沙作用。

2）阻止气流对地面直接作用

风及风沙流只有直接作用于裸露地表，才能吹蚀和磨蚀地表土地颗粒，产生风蚀。因此，可以通过增大植被覆盖度，使植被覆盖地表，或使用柴草、秸秆、砾石等材料铺盖地表，在沙面形成保护壳，以阻止风及风沙流与地面的直接接触，也可达到固沙作用。

3）提高沙粒起动风速，增大抗风蚀能力

使沙粒开始运动的最小风速称为起动风速，风速只有超过起动风速才能使沙粒随风运动，形成风沙流，产生风蚀。因此，只要加大地表颗粒的起动风速，使风速始终小于起动风速，地面就不会产生风蚀作用。起动风速大小与沙粒粒径大小、沙粒间黏着力有关。粒径越大，或沙粒之间黏着力越强，起动风速越大，抗风蚀能力就越强。因此，可以通过喷洒化学胶结剂或增施有机肥，改变沙土结构，增加沙粒间的黏着力，提高抗风蚀能力，使得"风虽过而沙不起"，从而起到固沙作用。

4）改变风沙流蚀积规律

根据风沙运动规律和水土流失规律，以风（水）力为动力，通过人为控制增大流速，提高流量，降低地面粗糙度，改变蚀积关系，从而拉平沙丘、造田，或延长饱和路径输导沙害，以达到治理目的。

三、沙化型土地退化防治措施

科学运用沙化防治措施，是沙化治理的重要手段，也是沙化土地防治工作未来发展的重要方向。

（一）植物治沙措施

植物治沙措施成本低、作用持久、稳定，并可改良流沙的理化性质，促进土地形成，改善环境，提供木材、燃料、饲料、肥料等原材料，具有多种生态效益和经济效益的优点，成为防治土地沙化最有效的首选措施。植物是流沙上重建人工生态系统最主要的角色。沙化土地植被重建技术包括封沙育林育草恢复天然植被技术、飞播造林种草固沙技术、人工植物固沙技术等。

1. 封沙育林育草恢复天然植被技术

封沙育林育草就是在原有植被遭到破坏或有条件生长植被的地段，实施一定的保护措施（围栏），建立必要的保护组织（护林站），把一定面积的地段封禁起来，严禁人畜破坏，给植物以繁衍生息的时间，使天然植被逐渐恢复，从而起到防风固沙的作用。基本封育措施如下。

（1）划定封育范围。封育范围按需要而定。与沙漠绿洲接壤的封育带，宽度多在 300～1500m，沙源丰富风沙活动强烈地区宽度较大，反之则可缩小。

（2）建立防护设施。为防止牲畜侵入，在划定的封育区边界上，通常须建立防护设施，如夯土（石）墙、深沟、枝条栅栏、刺丝围栏、电围栏、网围栏等。

（3）制订封禁条例。通常在封育的 3～5 年内禁止一切放牧、樵采等活动，以后则可适当进行划区轮牧、划区樵采。

（4）成立管护组织，严格执行奖惩制度。

2. 飞播造林种草固沙技术

飞机播种造林种草（飞播）固沙恢复植被具有速度快、用工少、成本低、效果好的特点，对偏远荒沙、荒山地区恢复植被意义更大。我国从 1958 年开始飞播治沙试验，1985 年起在北方地区推广飞播技术，已在榆林、鄂尔多斯、赤峰、阿拉善，以及河北新疆、黄土高原地区大面积推广。采用飞播造林种草进行治沙、保持水土、建设草场，已取得了很好的效益。如今，我国的飞播治沙技术经过不断改进，已居于世界领先地位。在降水量不足 200mm 的荒漠草原飞播沙拐枣、籽蒿花棒等，已取得成功实践。

飞播的成功与否受多种因素影响，主要包括沙地飞播植物种选择、飞播种子的发芽条件及种子处理、飞播期选择、飞播量确定、飞播区立地条件选择、兔鼠虫病害防治、飞播区封禁管护。选择最优的各项飞播条件，进行飞播作业。飞播作业的基本流程为播前准备工作—航向与作业方式—航高与播幅—播后调查。

3. 人工植物固沙技术

通过人工造林种草，可提高植被覆盖度，营造良好的防风固沙地带。保持、恢复和提高地表植被覆盖度是防治土地沙化的核心，应重点加强植物固沙建设，退耕还草、还林、减轻风蚀作用；构建"以草为主，以林为辅"的生态建设格局，增强土地涵养水分能力。人工造林是防止土地沙化扩大和促进生态环境恢复的有效措施，布局合理的防护体系能够有效固定水土、降低风速、阻挡风沙，是绿色屏障的构成主体。由于草地和耐旱灌木植物对沙地土地有特殊的适应能力，应继续坚持将农田林网和草地林网相互结合，增强生态系统的稳定性。采用灌木和草地固定土地表层结构，用乔木改善土地条件，形成以草为主、乔灌结合的多层次、多功能的立体生态屏障，逐步改善当地的生态环境。不同的沙地类型有各自适宜的固沙措施，应用时应有针对性，使各种措施相互结合、相互补充，共同构成完备的技术体系。

1）人工植物固沙方式

在沙地治理过程中，可通过植物播种、扦插、植苗等造林种草方式固定流沙。具体人工植物固沙的方式见表 5-2。

表 5-2　人工植物固沙方式

固沙方式	播种/培育方式	播种条件
直播固沙	条播、穴播、撒播	播种深度：覆土 1～2cm；播种量：根据播种方式进行选择
植苗固沙	苗木、容器苗、大苗深栽	苗木质量、苗木保护、苗木定植、植苗季节、树种选择
扦插造林固沙	插条、插杆、埋干、分根、分蘖、地下茎	选插条、插条处理、造林季节

2）沙地树种

治理过程中的树种选择应充分考虑地带性的差异。在沙漠边缘地带，设置草方格、立式沙障、平铺沙障、篱笆等。草方格是将废弃的麦草一束束呈方格状铺在沙上，再用铁锹轧进沙中，将麦草的 1/3 或一半自然竖立在四边，然后将方格中心的沙子拨向四周麦草根部，使麦草牢牢地竖立在沙地上。草方格大小一般为 1m×1m，高 10～20cm。草方格沙障的制作分为三大步骤。首先，折叠清理麦草。戴上手套，拿住一把干稻草并顺风进行拍打，将其中较碎或较烂的劣质麦草拍落，只留下优质的长麦草。其次，将清理完毕的麦草整齐码放在沙地上事先画好的正方形边线上。码放时应注意保持麦草的厚度适中：过厚会导致麦草很容易倒下，不易站立；过薄会导致草方格的抗沙能力不够。最后，踩压整型。将铁锹沿正方形边线用力踩压，麦草中部受力后，两端会自然竖立形成天然屏障。踩压后将麦草两边的沙土拨向四周麦草根部，使麦草牢牢地立在沙地上。

沙生植物不仅水分蒸腾作用少，而且各种组织系统较发达，能适应干旱少雨的环境，种植沙生植物是阻止沙漠扩张最有效的办法之一。例如，种植耐寒性强的乔木、灌木和苜蓿，建立防风固沙林带，这些植物和沙障在抵挡流动沙丘移动方面可以发挥巨大作用，还可以减弱风力的侵蚀，并提高沙层的含水量，截流降雨，促进沙生植物的生长。还可以利用覆盖致密物和废塑料的方法来治理沙丘和沙漠。

（二）工程治沙措施

工程治沙措施一般分为机械沙障固沙、化学固沙、风力治沙、水力治沙等。工程上具体采用的方法应从当地实际情况出发，因地制宜选择。

1. 机械沙障固沙

机械沙障固沙是采用柴、草、树枝、卵石、板条等材料，在沙面上设置各种形式的障碍物，以此控制风沙流动的方向、速度、结构，改变侵蚀面状况，达到防风、防沙、固沙、改变风的作用力及地貌状况等目的。根据所用材料、设置方法、配置形式等，分为平铺式和直立式两大类，具体特征见表5-3。

表5-3　机械固沙的特征

设置类型	形式和结构	沙障名称	沙障性能
平铺式	全面铺设	土埋沙丘、卵石铺压、全面铺草、全面化学固沙、泥漫沙丘	固沙型
	带状铺设	带状铺草压卵石和泥土、带状化学制剂喷洒	
直立式	不透风结构	黏土沙障	固沙型
		防沙土墙	积沙型
	紧密结构	隐蔽式柴草沙障、低立式柴草沙障	固沙型
		立杆串草把沙障、立杆编枝条沙障	积沙型
	透风结构	高立式柴草沙障、防沙栅栏	积沙型

2. 化学固沙

化学固沙就是喷洒化学黏结材料形成固沙层，隔断风或风沙流与松散沙面的相互作用，改变风沙流的结构。固沙层的抗风蚀性能强弱是衡量固沙作用好坏的重要指标。化学固沙收益快，成本高，一般多用于风沙危害造成重大经济损失的地区，如机场、国防设施和重要工矿区，并常与植物固沙相配合，作为植物固沙的辅助性措施。

世界上已有多个国家研制出了百余种化学固沙剂，部分材料已应用至沙漠化治理实践当中。化学固沙剂在我国首次使用是在1966年，较国外晚60多年。我国研究和应用较多的化学固沙材料主要是石油加工产品，还有水泥浆类、水玻璃类和高分子聚合物。近年来，出现了大量的污染小、固沙性能高和易于操作的新型化学固沙材料，可将其分为生态环境固沙材料、微生物类固沙材料和有机-无机复合固沙材料，如LVA、LVP、WBS、STB系列固沙剂，LD系列土工合成工程材料，草浆黑液与苯酚、甲醛合成固沙剂。石油加工产品的化学固沙剂透水性较差，容易产生环境污染。固结性优良、透水性较好和污染较低，是化学固沙剂研制的目标。

3. 风力治沙

风力治沙是以风的动力为基础，根据风沙流蚀规律，人为地干扰控制风沙的蚀积搬运，因势利导，变害为利的一种治沙方法。风力治沙的基本措施是以输为主，兼有固沙，固输结合，效果更佳。风力治沙的主要措施有三类：以固促输，断源输沙；集流输导；反折侧导。风力治沙的应用主要有渠道防沙、拉沙修渠筑堤和拉沙改土3个方面。

4. 水力治沙

水力拉沙是以水为动力,按照需要使沙子进行输移,消除沙害以改造利用沙漠的一种方法。该方法运用了水土流失的基本规律,以水为动力,通过人为地控制影响流速的坡度、坡长、流量及地面粗糙度等各项因素,使水流大量集中形成股流,造成水的破坏力大于土地的抵抗力。利用水力拉沙原理,形成了引水拉沙修渠、引水拉沙造田和引水拉沙筑坝等应用技术。

(三)沙化土地治理的保护体系

1. 退耕还草

应合理地安排农耕,农业生产必须根据实际自然条件,调整农牧比例,不宜继续耕种地区要有计划地进行退耕,将不稳定的农田生态系统还原为稳定的草原生态系统。要因地制宜,采用多种形式保护土地,通过增加补充有机质促进形成良好土地结构。

2. 加强农田沙化防治,增加农田水利建设

在耕作区合理地利用水资源,能够有效地缓解和改善土地沙化。为了防止水资源短缺尤其是地下水资源过度利用导致的土地沙化恶化,除了合理地安排农耕之外,还应大力推行节水灌溉方式和节水技术,确定合理的治理方式和规模,提高水资源利用率。

我国大部分的农业灌溉方式还是以单一的漫灌方式为主,水资源浪费尤为严重,因此国家应该大力推广新的、节省水资源的灌溉方式,如涌流灌溉、滴灌、水平畦田灌溉等,提高水资源的利用率。同时,要在广大种植地区推行市场化和产业化等科学管理方法,建设水利管理企业,将水资源变为商品,增加水管部门的经济实力,促进灌溉方式的优化。此外,更要涵养水源,实现生态补偿,合理分配上游、中游、下游的水资源供给。

3. 建立完善的法律体制与政策

政府应该建立完备的环境法律体制,严格按照法律规定,加大执法力度,严格处置滥垦滥伐植被的行为。实行"耕地总量控制"的政策,转变耕种的生产方式,加大科技投入,提高单位面积产量,充分保证退耕还林还草工程的实施;实行"草场载畜量控制"的政策,改变现有的放牧方式,限定最高载畜量,严格按照政策要求的数量放牧,严禁超载放牧,每年都要季节性休牧,给草场和牧场一定的生长空间。在农村推行能源替代政策,积极开发光能和风能,利用沼气,营

造薪炭林，提高农业生产的废弃物利用率，以防止农业生产的废弃物污染周围环境并导致生态环境破坏。

4. 加大科技投资，建立完备的系统

政府应该加大对研究土地沙化的科技投资，增加研发人员，投资研发设施，建立严谨的检测、预警系统，完善国家沙化土地监测体系，构建监测网络，并对防风防沙工程进行跟踪监测，更有效地监测土地沙漠化状况，准确掌握我国土地沙漠化情况，以制订更合适的防治措施。

第二节　侵蚀型土地退化防治

一、侵蚀型土地退化防治原则

（1）坚持"谁开发谁保护，谁造成土壤侵蚀谁治理"和实事求是的原则。

（2）贯彻"预防为主，全面规划、因地制宜、因害设防，加强管理，注重效益"和"重点治理与一般防治兼顾"的原则。

（3）采取分区治理、工程措施与植物措施相结合、永久措施与临时措施相结合的原则，同时要注重防治措施的时效性。

（4）生态效益优先原则。在土壤侵蚀综合防治过程中，应以控制水土流失、改善生态环境、恢复植被为重点。

二、侵蚀型土地退化防治原理

对于水力侵蚀而言，从外表上看，土壤侵蚀就是"水冲土跑"。造成这种现象的根本原因就是地表径流的冲击力大于土体的抵抗力，所以要达到水土保持的目的，一方面要减少作为外营力的地表径流冲击力，另一方面可增加土体的抵抗力来达到抗侵蚀的目的。

基本防治原理是减少坡面径流量，减缓径流速度，提高土壤吸水能力和坡面土壤的抗冲能力，并尽可能抬高侵蚀基准面。在采取防治措施时，应从地表径流形成地段开始，沿径流运动路线，因地制宜。预防和治理相结合，以预防为主；治坡与治沟相结合，以治坡为主；工程措施与生物措施相结合，以生物措施为主。只有采取各种措施综合治理、集中治理和持续治理，才能奏效。

三、侵蚀型土地退化防治措施

防治侵蚀型土地退化的措施主要可以分为水利工程措施、生物工程措施和农业技术措施三种。

（一）水利工程措施

1. 坡面防护工程

通过改变小地形的方法，防治坡地水土流失。将雨水及融雪水就地拦蓄，使其渗入农地、草地或林地，减少或防止形成面径流，增加农作物、牧草和林木可利用的土壤水分。同时，将未能就地拦蓄的坡地径流引入小型蓄水工程。在有发生重力侵蚀危险的坡地上，可以修筑排水工程或支撑建筑物，防止滑坡，包括拦水沟埂、水平沟、水平阶、水簸箕、鱼鳞坑、山坡截流沟、水窖（旱井）及稳定斜坡下部的挡土墙等。

2. 沟道治理工程

沟道治理工程是为防止径流冲刷引起的沟头前进、沟底下切和沟岸扩张，保护坡面不受侵蚀的水保工程，主要有沟头防护工程、谷坊、沟道蓄水工程和淤地坝等。具体做法是先在沟头加强坡面的治理，做到水不下沟；然后巩固沟头和沟坡，在沟坡两岸修建鱼鳞坑、水平沟、水平阶等工程，造林种草，防止冲刷，减少下泄到沟底的地表径流。在沟底从毛沟到支沟再到干沟，根据不同条件，分别采取修谷坊、淤地坝、小型水库和塘坝等各类工程，起到拦截洪水泥沙、防止山洪危害的作用。

3. 山洪排导工程

通过修建排洪沟、导流堤等具体工程措施，防止山洪或泥石流危害沟口冲积锥上的房屋、工矿企业、道路及农田等具有重大经济意义的防护对象。

4. 小型蓄水用水工程

通过小型水库、蓄水塘坝、淤滩造田、引洪漫地、引水上山等工程措施，将坡底径流和地下潜流拦蓄起来，以减少水土流失危害，灌溉农田，提高作物产量。

（二）生物工程措施

生物工程措施主要是植被措施，通过造林种草、绿化荒山、农林牧综合经营等，增加地面植被覆盖度，提高土地生产力，保持水土、涵养水源、防风固沙，维持生态平衡。

（三）农业技术措施

防治侵蚀型土地退化的农业技术措施主要包括三个方面。

（1）通过横坡耕作、沟垄种植、水平犁沟、筑埂作垄等农业技术措施，改变地面微小地形，增加地面粗糙率，拦截地表水，减少土壤冲刷。

（2）通过间作套种、草田轮作、草田带状间作、宽行密植、利用秸秆杂草等措施，进行生物覆盖、免耕或少耕，增加地面覆盖，保护地面，减缓径流，增强土壤抗蚀能力。

（3）通过增施有机肥、深耕改土、纳雨蓄墒，并配合耙耱、浅耕等措施，减少降水损失，增加土壤入渗，疏松土壤，改善土壤的理化性质，增加土壤抗蚀、渗透、蓄水能力。

在进行具体的侵蚀型土地退化防治时，应结合地区特征，采取多种措施治理土壤问题，具体情况具体分析，各种地形综合治理，治理山地与治理农田相结合，治理草原与治理林地相结合，从整体上对土壤侵蚀进行调控，以达到农业生产的高效性和环境的可持续性。

第三节　盐渍化型土地退化防治

一、盐渍化型土地退化防治原则

防治土地盐渍化的途径和措施很多，主要包括水利工程措施、生物修复技术措施和农业技术措施，这些措施为全球土地退化防治提供了科学依据。实行综合防治必须遵循以下原则。

1. 以防为主、防治并重

在土壤没有次生盐渍化的地区，要全力预防。对于已经次生盐渍化的灌区，在当前着重治理的过程中，同时采用防治措施，才能得到事半功倍的效果；得到治理以后，还要坚持以防为主，已经取得的改良效果才能得到巩固、提高。

2. 水利先行、综合治理

"盐随水来，盐随水去"。水既是土壤积盐或碱化的媒介，也是土壤脱盐的动力。控制和调节土壤中水的运移是盐渍化土改良的关键。土体中水的运动和平衡是受地表水、地下水和水分蒸发支配的，因此防治土壤盐渍化必须水利先行，通过水利改良措施控制地面水和地下水，使土壤中的下行水流大于上行水流，从而使土壤脱盐，并为其他改良措施开辟道路。

3. 统一规划、因地制宜

土体中水的运动是受地表水和地下水支配的。要解决垦区水的问题，必须从流域着手，从建立有利的区域水盐平衡着手，对水土资源进行统一规划、综合平衡，合理安排地表水和地下水的开发利用，建立流域完整的排水、排盐系统。

4. 用改结合、全面利用

盐渍化型土地退化治理包括利用和改良两个方面，二者必须紧密结合。治理盐碱地的最终目的是高产稳产，把盐碱地变成良田，因此必须从两个方面入手，一是脱盐，二是培肥土壤。不脱盐就不能有效地培肥土壤和发挥土壤的潜在肥力，也不能保证产量；不培肥土壤，土壤的理化性质就不能进一步改善，脱盐效果不能巩固，也不能高产。可见，两者密切相关，并且是建设高产稳产田的必经途径。

5. 灌溉与排水相结合

充分考虑土地改良的需要，实行总量控制，协同区域灌溉和排水需求，促进农业结构调整，实行灌溉与排水相结合。实行灌溉洗盐需要水，进而需要灌溉，因此排盐防治盐渍化离不开排水技术。

6. 近期与远期相结合

防治土壤次生盐渍化，必须制订统一的规划。采取的防治措施，一方面要有近期切实可行的内容，另一方面要有远期可预见的方向和目标。只有近期和远期相结合，盐渍化型土地退化防治才能取得成功。

二、盐渍化型土地退化防治原理

盐渍化型土地退化防治主要依据土壤盐渍化的成因与水盐运动规律，来制订改良措施。根据盐渍化成因类型及水盐运动规律采取不同措施，就其作用和内容，可概括为以下几个方面。

1. 控制盐源

充分的盐分来源是形成盐渍化的物质基础。因此，控制盐分进入土壤的上层，使土壤中不致有过多盐分，是防止盐渍化产生的有效途径之一。

2. 消除过多的盐量

对已经发生盐渍化的土地或者垦殖盐荒地，通过冲洗、排水、客土法等措施，消除土壤中过多的盐，来改良盐渍土。

3. 调控盐量

采用适宜的灌溉技术（如滴灌、喷灌），使土壤保持适宜水分，控制盐量，或者采用生物排水、水旱轮作等改变水盐运动的规律，以起到减少盐分累积的作用。

4. 转化盐类

通过使用一定的化学物质，将盐分转化为毒害作用较小的其他盐分。

5. 适应性种植

利用盐生植物的耐盐性，控制地面蒸发，减少积盐过程。

三、盐渍化型土地退化防治措施

（一）水利工程措施

"盐随水去，盐随水来"，这是水盐的运动规律。水利工程措施包括建立现代化排水系统、冲洗淋盐、放淤压盐。

1. 建立现代化排水系统

建立现代化排水系统，能起到降低和控制地下水位、减少土壤返盐的作用。该措施利用土壤水分侧向淋洗原理，即利用水盐的水平流动达到排水排盐的目的，主要包括明沟排水工程、垂直（竖井）排水工程和暗沟（管）排水工程。

（1）明沟排水工程。从地面上开挖排水沟道，既能降低地下水位，又可以排出土壤中的盐分。先进行前期调查与研究，包括实地勘测，搞清地形和地下水走向，然后根据勘测资料进行工程设计。设计主要内容包括排水沟的级数确定、排水沟的田间布置方向、排水沟的沟深确定、排水沟的沟间距确定、排水沟的边坡及沟底坡降比确定、排水沟的边坡护理措施、自流排水和电力抽排等。

（2）垂直（竖井）排水工程。竖井排水是通过打井抽水降低地下水位，并通过地面排水系统将抽出的水送到排水区以外的一种方法。在地势比较平坦，地下水出流不畅或因土质过砂不宜采用明沟排水的地方，可采用井排。通过抽取浅层地下水来降低和调控盐渍化地区的地下水位，通过灌溉压盐或与明沟结合排走盐分。在地下水矿化度不高（2g/L）的情况下，还可采用以排代灌的方式，灌排结合。因此，有时把竖井排水称为竖井排灌。对于矿化度高的地区，可把井中的咸水抽出来排走，以淡水灌溉，起到淡化地下水的作用。

竖井布局中井的密度按单井出水量计算，一般单井出水量为 60m³/h，群井密度为 120～180 亩/井；地下水资源充足时多布设井，地下水资源不足时应少布井。合理井距为 600m；灌排相结合，井距为 400～500m；黏土 200～300m，砂性土以 700～1000m 为宜。由于目标是改良盐渍土，排水的对象是浅层地下水，因此井深度以 30m 左右为宜。以抽水降深 7～15m，单井出水量 40～60m³/h 进行合理井群规划，井一般以正方形布设为好。竖井布置方式见图 5-1。

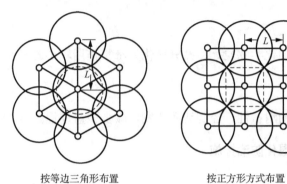

按等边三角形布置　　　　　　　　　按正方形方式布置

图 5-1　竖井布置方式

竖井排水价格低、不占地、水量大、水质好、控制调节地下水位灵活、维修工作少。通过建立井沟渠结合的灌排工程系统，合理排灌。通过机井灌溉，淋洗土壤盐分，降低地下水位，增加地下库容，起到灌排调蓄等作用；井沟渠结合，加速水盐交换循环，使土壤脱盐淡化。

（3）暗沟（管）排水工程。暗沟排水是在田间埋设透水的管材或填充材料，或用机械在地下打洞来排出和降低农田地下水位。

暗沟（管）排水工程是土地排水、防止灌溉土地盐渍化和改造中低产田的有效措施。与明沟排水相比，具有排水效果好、有效控制地下水位、节省土地（8%～10%）、减少维护费用等特点。

2. 冲洗淋盐

冲洗淋盐是最基本也是最有效的防治措施。蔬菜作物根圈附近的土层，一般比较干燥，通常的灌水量仅能浸透到 15cm 左右。在高温、蒸发力大的情况下，很快又恢复到原来的干燥状态，所以只有大量灌水才有洗脱盐类的效果。大量反复灌水又会使地下水位上升，矿化度提高，为日后更严重的返盐创造了条件。因此，冲洗淋盐的首要条件是根据临界深度的原理，严格控制地下水位。

不同的灌溉方式对温室土壤盐分的分配有不同的影响。有研究表明，采取渗灌的土层中硝态氮含量明显大于滴灌，且随着土层深度的增加而迅速减少，可见滴灌好于渗灌（吕殿青等，2001）。建议采用滴灌施肥的菜农，确定施肥量后测定肥料溶液电导率（electrical conductivity，EC）（李延轩等，2001），根据 EC 设计灌溉施肥方案。西班牙阿尔梅里亚设施生产十分注重肥料溶液 EC 管理，技术人员根据农户栽种的作物品种，给出肥料溶液 EC 阈值，农民按照技术指导进行灌溉施肥。当地许多设施使用年限已超过 30 年，土壤也未出现次生盐渍化障碍。

　　灌溉时使土壤中盐分溶解于流动的水中，通过土体中的渗透作用，自上而下地将可溶性盐碱冲洗排出。冲洗淋盐过程涉及因素很多，如土壤含盐量、土壤质地、地下水深度、排水条件、降雨、蒸发等，直接影响着冲洗过程和冲洗效果。其关键技术在于确定合理冲洗定额，选择适宜冲洗时间，制订冲洗技术规程，确定冲洗后管理与利用的农业技术措施等。要因地制宜利用膜灌和滴灌等节水灌溉技术。

　　1）冲洗定额

　　冲洗只能使土壤中大量盐分被淋洗，而不可能将盐分彻底洗净，只可能减少土壤耕层的盐分，使其达到作物正常生长允许的盐分浓度。因此，确定冲洗定额必须考虑两个主要问题：土壤允许含盐量和脱盐层厚度。不同盐渍化程度下的一般经验性洗盐定额见表 5-4。

表 5-4　一般经验性洗盐定额

盐渍化程度	含盐量/%	地下水位 1m		地下水位 2～3m	
		灌水次数	冲洗定额/（m³/亩）	灌水次数	冲洗定额/（m³/亩）
极轻盐土	0.01～0.04	1～2	100～270	1	67～130
轻盐土	0.04～0.1	3～4	330～530	2～3	330～400
中盐土	0.1～0.2	5～7	670～800	4～5	470～600
强盐土	0.2～0.3	8～10	870～1000	6～8	670～800
极强盐土	0.3～0.4	11～15	1070～1330	9～12	800～1000

　　2）土壤允许含盐量

　　土壤冲洗淋盐的土壤允许含盐量以作物耐盐能力来确定。作物品种不同，生长发育阶段不同，受盐分的危害程度也有所不同。土壤允许含盐量应以播种期的土壤允许含盐量为指标，也就是以作物苗期耐盐能力为依据。

　　3）脱盐层厚度

　　脱盐层厚度取决于植物根系类型和防治土壤次生盐渍化需要这两个方面（土壤返盐）。一般脱盐深度为 0.6～1.0m。干旱地区种植耐旱作物时，脱盐深度通常为 1m；在缺乏天然排水、土壤含盐量高且透水性又差的地区，在土壤改良第一年，脱盐深度可以取 0.6m。一般而言，通常以冲洗后 0.6～1.0m 土层内的含盐量低于0.2%为冲洗标准。

　　主要盐碱土地区不同植物的冲洗脱盐标准见表 5-5。

表 5-5　主要盐碱土地区的冲洗脱盐标准　　　　　　（单位：%）

种植作物类型	氯化物盐土		硫酸盐氯化物盐土		氯化物硫酸盐土		硫酸盐土	
	全盐含量	氯离子含量	全盐含量	氯离子含量	全盐含量	氯离子含量	全盐含量	氯离子含量
棉花	0.300	0.100	—	—	0.400	0.05	0.4～0.5	—
小麦	0.2	0.06	0.0280	0.029	0.40			
苜蓿	<0.2	<0.06	—	—	—	—	—	—

注：土壤含水量约为 20%；土层深度为 1m。

　　冲洗技术在冲洗过程中居重要地位，冲洗技术的好坏，直接影响着冲洗的效果及冲后的返盐情况。一般冲洗技术包括土地平整、畦块布置、灌水方法、间隔时期等。

　　土地平整是影响冲洗质量的关键措施（表 5-6）。地面不平整则受水不均匀，低处水分过多，增加无益渗漏，高处水分不足，因此冲洗不均匀。冲洗后由于高处土壤首先蒸发，盐分向高处聚集，使高处易于返盐。地面不平整是形成盐斑的主要原因。有资料表明，地面高差小于 9cm，可以提高脱盐率 20%。

表 5-6　土地平整状况与土壤脱盐关系

土层/cm	凸地含盐量/%		凹地含盐量/%	
	冲洗前	冲洗后	冲洗前	冲洗后
0～10	1.31	0.28	1.11	0.20
0～60	0.88	0.45	0.87	0.15
0～100	0.91	0.59	0.90	0.13

　　4）冲洗前土地翻耕

　　冲洗前要翻耕土地，晒垡，从而提高土壤温度，增加土壤疏松程度，提高盐分的溶解度。经翻耕的土地，1m 土层的脱盐率可以提高 10%～20%。翻耕与否取决于土壤的质地条件。

　　对于质地黏重、透水性差的紧实土壤，在冲洗前翻耕土地可以增加土壤透水性和水与土壤接触面，并破坏土壤表层盐结皮，使盐分能充分地溶解，达到提高洗盐效果的目的。有资料表明，翻得越深，脱盐效果越好（表 5-7）。

表 5-7　土壤翻耕对冲洗脱盐效果影响

土层/cm	未翻耕含盐量/%			翻耕 20cm 含盐量/%			翻耕 40cm 含盐量/%		
	冲洗前	冲洗后	脱盐率	冲洗前	冲洗后	脱盐率	冲洗前	冲洗后	脱盐率
0～10	2.39	1.492	37.6	2.108	0.554	74	1.954	0.165	91.5
10～20	0.285	1.515	−81.2	1.678	0.554	67	1.138	0.085	92.8

续表

土层/cm	未翻耕含盐量/%			翻耕 20cm 含盐量/%			翻耕 40cm 含盐量/%		
	冲洗前	冲洗后	脱盐率	冲洗前	冲洗后	脱盐率	冲洗前	冲洗后	脱盐率
20~30	0.400	1.230	-67.5	0.912	0.667	26.9	0.800	0.266	66.7
30~40	0.392	0.677	-67.7	0.780	0.636	18.5	0.462	0.290	38.0
40~60	0.310	0.370	-19.4	0.533	0.605	-11.9	0.392	0.278	29.1
60~80	0.320	0.392	-22.5	0.533	0.503	-11.0	0.334	0.463	-26.5
80~100	0.340	0.592	-75.0	0.380	0.423	-11.3	0.360	0.533	-48.0

5）冲洗灌溉

一般采用大畦淹灌，畦块的大小为 3~5 亩，也可小至 2 亩左右。畦块布置一般采用长边平行于等高线，这样可以使畦块内高差减小。

6）间歇冲洗与分次定额

先将冲洗计划层土壤灌至田间持水量，然后分次适当定额灌水。分次冲洗定额可采用先大后小的方式。①灌水溶盐：第一次灌水（100m³/亩左右）以淹埋田块所有土垡为度，其目的是把土壤中的固态盐变成水溶盐分，因此不需要灌水过多，否则浪费水且会抬高地下水位。②大水冲盐：第二次灌水（第一次灌后 1~2天）水量要足，以进行洗盐，这时土壤中含盐量大，灌水量为 100~150m³/亩，一定要采用集中大量灌洗方式，水层深度为 10~15cm。

3. 放淤压盐

利用含泥沙量较大的河水或山洪水等进行放淤，以改良盐碱荒地。在低洼田块上筑埂围堤，将汛期含泥沙量较大的浑泥水引灌进田块，待泥沙沉淀后，将清水放走。这是变水害为水利、综合利用水沙资源、改良利用洼涝盐碱地的有效措施。我国北方不少河流含泥沙量很大，如黄河在汛期（7~9 月）含泥沙量可达 30~40kg/m³，其中所含黏粒（直径小于 0.005mm）占泥沙总量的一半左右，为放淤改良土壤提供了物质基础。利用含泥沙的水进行淤灌，既坐收灌溉之利，又兼得泥沙之益。

放淤压盐的方法主要有以下三种。

（1）动水放淤：一边放水一边排水，相当于串灌放淤地块。该方法淤灌质量差，用水量多。

（2）围堤静水放淤：围淤水于堤内，待水中携带的泥沙沉淀后（静水），再排出表层清水。

（3）动静水结合：先进行动水漫灌放淤，到接近计划淤层厚度时，再倒灌回淤，静水沉积数次。此法速度快，质量也好，多被采用。

（二）生物修复技术措施

生物修复技术措施改良盐碱土利用的方法一般有：直接利用盐生植物；直接利用野生抗盐植物；利用抗盐牧草土；利用耐盐碱灌木改良；利用抗盐农作物。

1. 增施有机肥料

盐渍土除了有盐渍危害以外，其干旱、瘠薄还常常制约着农作物生长，呈现随着盐化程度加重，土壤肥力降低的趋势。据江苏省农业科学院新洋基地的资料，通过培肥熟化土壤，表层 10～20cm 土壤有机质含量增到 1.5%左右，总孔隙度＞55%，其中非毛管孔隙度达 15%以上，直径＞0.25mm，团粒含量在 2.5%以上，容重＜$1.25g/cm^3$，可有效地使土壤返盐。此外，通过秸秆还田、翻压绿肥牧草、施用风化煤和腐殖酸类肥料等改良盐渍化土，也能较好地实现脱盐、培肥的效果。

2. 平衡施肥

采用平衡施肥，可以从根本上减少肥料投入，延缓设施土壤次生盐渍化发生。化肥应少用氯化物和硫酸盐类，研发设施专用复合肥（那伟民等，1999）。关于施用有机肥，有人认为施用半腐熟或不腐熟有机肥，可不断消耗耕层和表土盐分的氮源，吸收部分盐分和阻断部分毛管水流，抑制盐分积聚（李海云等，2001）。也有研究认为，由于动物粪便中含有一定量的盐分，有机肥施用过多会引起土壤复盐而增加盐害程度（党菊香等，2004）。还有研究者认为，当土壤 EC 较小时，随着腐熟有机肥用量的增加，土壤 NO_3^- 显著增加；当土壤 EC 较大时，随着半腐熟或不腐熟有机肥用量的增加，土壤 NO_3^- 显著降低（刘建玲等，2005）。还有人认为，当所施肥料中有机肥含量较少时，增加有机肥的比例可显著地抑制土壤盐分积累，如种植番茄、黄瓜、茄子等生长期较长的作物，亩施用 3000kg 左右有机肥能有效预防表土返盐（吴兴国，2001）。当有机肥用量增加到一定水平时，就不再发挥作用（孟艳玲等，2008）。

3. 种植耐盐植物

种植耐盐作物是一种较为理想的生物除盐措施。另外，吸盐作物可在生长过程中吸收残留在土壤中的盐分，割青翻压入土可作绿肥，绿肥在分解过程中通过微生物活动消耗土壤中的盐分，降低土壤溶液盐浓度。盛夏设施轮闲时，种植一茬玉米、苏丹草或绿肥植物，可缓解次生盐渍化程度。研究表明，农作物除盐效果最好的是玉米。种植玉米可使大棚耕层土壤电导率迅速降低，各类盐分离子基本接近相邻菜田水平（冯永军等，2001）。即使是一般作物，在盐渍胁迫下，也有求生存的本领，不同农作物表现出不同的抗盐能力。因此，通过对植物抗盐机理进行深入研究，选取、引种和培育新的抗盐经济作物，使其适应盐渍土环境。

4. 地表覆盖

设施土壤采用地膜或秸秆进行覆盖，可减少土壤表面水分蒸发，降低耕层土壤盐分含量波动幅度，有效抑制土壤返盐。在设施内使用地膜后，水分经毛细管上升，多余的水分凝结在地膜上，冷凝回落至土壤中，在一定程度上洗刷表土盐分，从而使表土盐分含量有下降趋势。有研究表明，地膜覆盖的 $0 \sim 5cm$ 表层土壤盐分含量明显降低，较多地积聚在 $5 \sim 25cm$ 土层内（Guy，1996）。采用稻草覆盖也可降低土壤盐分含量，且覆盖时间越长除盐效果越明显，覆盖稻草 42d 的处理和覆盖 5d 的处理相比，土壤电导率降低了近 50%（张春兰等，1994）。塑料薄膜适宜全地面覆盖，覆盖麦草的适宜用量为 $2534.6kg/hm^2$（纪永福等，2005）。

（三）农业技术措施

农业技术措施包括土地平整、改变栽培方式、确定主栽品种类型、扩大绿肥种植等。土地不平整容易导致土壤盐渍化，因此须采取严格的土地平整措施，把土地高差控制在 $5 \sim 7cm$。从套种、间作、复种、选种耐盐作物、调整种植业结构、旱作起垄种植栽培等方式着手，进行合理耕作，提高土壤肥力、改善土壤结构，有效抑制土壤盐渍化。结合区域降水量、径流补给量、土壤肥力、地下水埋深、沙化机制等因素，确定主栽品种的类型，以增加空气湿度、降低风速，从而减少地表蒸发量，抑制土壤盐渍化。扩大绿肥、牧草的种植面积，利用茂密的茎叶覆盖地面，可减弱土壤水分蒸发，抑制土壤返盐。

不同作畦方式下的土壤积盐程度不同。采用高垄时，盐分集中分布在垄的顶部和顶部中轴线沿线附近；采用平畦时，盐分聚集在平畦中部。当土壤 EC 在 4ms/cm 左右时，高垄和平畦的方式均可使用；当 EC 达到 8ms/cm 时，最好采用平畦的方式，且作物应栽种在平畦的"两肩"，即远离盐分集中的区域（Guy，1996）。

（四）改良剂应用技术措施

盐渍土改良剂主要有以下三类：含钙物质，如石膏、磷石膏、石灰等，主要以 Ca^{2+} 代换 Na^+ 为改良机理；酸性物质，如硫酸及其酸性盐类、磷酸及其酸性盐类，主要以中和碱为改良机理；有机物类改良剂，如传统的腐殖质类（草炭、风化煤、绿肥、有机物料）、工业合成改良剂（如施地佳土壤改良剂、禾康土壤改良剂、聚马来酸酐和聚丙烯酸）、工农业废弃物等。

一些发达国家如美国、澳大利亚，在盐渍土特别在碱土上施用化学改良剂，如石膏、硫酸、矿渣（磷石膏），因土地类型不同，施入量也不同，施用时间长短取决于当地经验和资金状况。施用改良剂后须用大量水冲洗，在水资源缺乏的情况下应用困难，而且成本高。该方法能使土壤积水天数从 379d 降到 145d，渗水深度从 292mm 升到 605mm。尽管化学改良成本高，但是从经济效益上看是有益的。

第四节　贫瘠化型土地退化防治

一、贫瘠化型土地退化防治原则

（1）统筹规划，找出退化根源，不同贫瘠化类型选择不同的防治措施。

（2）改善生态环境与促进农牧民脱贫致富相结合。

（3）贯彻"保持和提高耕地地力"的原则，根据地域和土壤特征，发挥优势，合理利用。

（4）坚持治本清源、因地制宜、综合利用。

（5）坚持宏观治理与微观调控相结合、工程建设与生态建设相结合、防治与政策法规同时进行的原则。

二、贫瘠化型土地退化防治原理

中低产田是土壤贫瘠化的基本形式。针对中低产田，可通过物理、化学方法改良土壤结构、质地等，并采用生物营养调配达到作物生长的养分条件，或者通过施加微生物菌种/微生物肥料来逐步调节土壤的生态环境，可将中低产田改良为良田。酸化土地是贫瘠化的另一种表现形式。针对酸化土地，应采用科学合理的农艺措施减缓土壤的酸化进程，可通过开发缓释高效农业肥料，利用廉价、绿色环保的酸性土壤改良剂达到土地酸碱平衡。

三、贫瘠化型土地退化防治措施

1. 养分亏缺治理措施

贫瘠化型土地退化的防治主要是针对导致土壤贫瘠化的因子采取相应的物理、化学或生物措施，改善土壤理化性状、提高土壤肥力和保水保肥能力，恢复土壤的健康循环过程。针对土壤养分贫瘠化，人类补充土壤养分元素，要充分弥补土壤向农作物提供的养分损失，防止土壤向贫瘠化方向发展；土壤紧实、结构不良可以通过施用有机肥、施用土壤改良剂、种植绿肥、增加地表覆盖及秸秆还田等方式，改善土壤结构，增强土壤的保水保肥能力，防止土壤侵蚀、土层变薄和土壤沙化；土壤的酸化和碱化可以通过施入土壤调理剂、筛选耐酸或耐碱的植物、实行合适的轮作制度和施肥制度等措施来改善。

1）瘠薄黏重土壤的改良

瘠薄黏重土壤一般黏性较大，通透性差，保水保肥能力强，易积水，潜在养分含量高，有机质分解慢，易积累，肥劲长，昼夜温差小，不易耕作，宜耕期短，耕作质量差，土壤结构差。

改良方法：①重施有机肥料。施入的有机肥料易于形成腐殖质，从而促进团粒结构的形成，改良土壤结构及耕性。一般每年每亩地施有机肥 15～20t，3～4a 即可形成良好的菜田。②压沙降低黏性。在有条件的情况下，每亩地施入河沙土 20～30t，连续两年，配合施用有机肥料，可使黏重土壤得到改良。

2）低洼盐碱土壤的改良

低洼盐碱土壤一般易于积水，盐分含量高，pH 在 8 以上，影响作物的正常生长。

改良方法：①增施有机肥料，促进有机质含量提高。改良盐碱土壤最基本的方法是切断表土与底土毛细管的联系。有机肥料转化成的腐殖质，可促使表土形成团粒结构，起到压盐的作用，因此深耕结合大量施入有机肥料是一项有效的措施。②农业生物措施。包括平整土地、土壤培肥、种植耐碱作物与绿肥植物。③化学改良措施。主要是使用土壤改良剂。④大水洗盐压碱，挖排碱渠系。⑤种稻改碱，水旱轮作。

3）沙质土壤的改良

沙性重的沙质土壤一般表现为过分疏松，漏水漏肥，有机质缺乏，蒸发量大，保温性能低，肥效短，后期易脱肥。

改良方法：①大量施用有机肥料。这是改良沙质土壤最有效的方法，即把各种厩肥、堆肥在春耕或秋耕时翻入土中。由于有机质的缓冲作用，可以适当多施可溶性化学肥料，尤其是铵态氮肥和磷肥，能够保存在土中不流失。②大量施用河泥、塘泥。例如，每年每亩施河泥 4～10t，结合耕作，增施有机肥，使肥土相融。在日光温室新建过程中，由于富含有机质的表层土大多被取走，新建温室首要的问题是增加土壤中的有机质含量。土壤有机质具有提供作物所需要的养分、提高养分的有效性、改善土壤的理化性状、增强土壤保肥性能和缓冲性能的作用。使用该方法，几年后土壤肥力能大幅度提高，过度疏松、漏水、漏肥的情况将有所改善。③在两季作物间隔的空余季节种植豆类蔬菜，间作或轮作，以增加土壤中的腐殖质和氮素肥料。④对于沙层较薄的土壤可以深秋压沙，使底层的黏土与沙土掺和，以降低其沙性。

2. 土体酸化治理措施

在当前注重粮食稳产的前提下，采用科学合理的农艺措施减缓土壤的酸化进程已迫在眉睫；开发缓释、水溶性等高效农业肥料是今后农业发展的必然方向；

对土壤酸化趋势进行监测、及时评价风险、及早提出合适的治理方案也是非常必要的；廉价、绿色环保的酸性土壤改良剂是今后的一个重要研究方向。

（1）品种合理布局。农作物品种应考虑其耐酸特性。例如，不同品种的蔬菜对酸的敏感程度不同，因此在酸性土壤上可种植耐酸的蔬菜品种。水旱轮作和间套作也是提高土壤对酸沉降缓冲能力和加快酸化土壤生态恢复的良好措施。

（2）施用石灰。施用石灰是中和土壤酸性、控制土壤酸化和提高土壤 pH 的重要措施。不同形态的石灰，中和酸性的能力有差异，石灰施用量根据土壤的潜在酸度而定。石灰及其他含钙的碱性物质，如钙镁磷肥、炼钢炉渣、窑灰钾、草木灰等，不仅可以中和土壤酸度，还可以为蔬菜补充大量的钙。撒施石灰以后，使用旋耕机细致翻地，使石灰和土壤充分混合，但需要注意的是施用石灰改良土壤，会改变土壤的团粒结构，不适合长期施用。

（3）合理施肥。施入大量腐熟的农家肥等有机肥料，不仅可增加大棚土壤有机质的含量，提高土壤对酸化的缓冲能力，使土壤 pH 升高，还会增加土壤有效养分，改善土壤结构，并能提高土壤有益微生物的活性，抑制作物病害的发生。

（4）施用酸土改良剂。碱渣、菇渣、污泥、泥炭等土壤调理剂，均能提高土壤 pH，降低酸性土壤交换性铝含量，提高土壤有机质、速效氮、速效磷、速效钾、交换性钙、交换性镁的含量。施用黄腐酸钾可以调理酸性土壤，补充活化有机质和钙、镁、铁、硼等元素，避免土壤酸性下降导致营养元素不均衡。

3. 土壤紧实化治理措施

土壤紧实化治理的主要措施有：

（1）添加有机肥料，如农家肥、堆肥或其他有机质，如木屑、报纸、城市淤泥等，来改善土壤结构；

（2）改变农田耕作制度，实行科学耕作，如深松、免耕等；

（3）改变作物的轮作制度，实行轮作和间套作种植制度，通过深耕和浅根作物的交替种植，改变土壤结构；

（4）现代化农业机械化对土壤的压实，也可以造成土体紧实，因此改进农业机械也是改善土壤紧实的一个重要措施（马建业，2018）。

第五节　污染型土地退化防治

一、污染型土地退化防治原则

污染型土地退化具有隐蔽性、滞后性、累积性、不可逆性和难治理性等特点。《土壤污染防治行动计划》（土十条）以改善土壤环境质量为核心，以保障农产品质量和人居环境安全为出发点，坚持预防为主、保护优先、风险管控，突出重点区域、行业和污染物，实施分类别、分用途、分阶段治理，严控新增污染、逐步减少存量，形成政府主导、企业担责、公众参与、社会监督的土壤污染防治体系，促进土壤资源永续利用。遵循《土壤污染防治行动计划》（土十条）相关工作要求，在制订区域土壤污染防治技术体系时，应统筹考虑。

1. 坚持预防为主、保护优先原则

污染型土地退化与各种工矿企业活动和农业生产活动密不可分，土壤污染损害一旦形成，要减轻或消除由它引起的损害，花费的代价是极为昂贵的，有时甚至是不可能的。因此，应强化环境准入和监管，加强源头管控，严查土壤风险源，从源头上控制土壤新增污染。同时，在土壤的保护和治理关系上，应把土壤的保护特别是未污染或轻微污染的土壤保护放在首位，划定保护红线，实施土地分类管理，建立严格的分类管理制度。

2. 坚持风险管控、安全利用原则

土壤污染本身极具复杂性，超标不等于污染（地质背景异常），污染不等同于有害（土壤-作物重金属屏障），有害不等同于要修复（可改变土地用途）。因此，应对污染土壤实行分类、分区、分级的用途管理和风险管控，相较土壤修复本身更为重要和有效。同时，污染土壤的修复治理也应以实现安全利用为基本准则，选择经济有效的模式，避免过度修复产生二次污染或增加修复成本。

3. 坚持功能优先、自然恢复原则

我国土壤修复仍处于起步阶段，技术尚显薄弱。同时，我国耕地资源十分紧张，不宜采取大面积休耕的方式，使污染耕地自然恢复后再农业利用。因此，应以维护土地资源安全、保障土壤可持续利用为出发点，通过土壤改良、替代种植、低吸收品种筛选等农业管理措施，维持污染耕地的生产功能；在有条件的区域，可通过休养生息、强化自然修复等方式，提升土壤环境容量和自净能力，达到生态持续、经济可行、社会可接受的土壤利用目的。对于污染地块资金有限的情况，可采用监控自然修复、污染阻隔、改变用地、受体保护等非工程措施，实现土壤多功能优化利用。

4. 坚持适度修复、持续发展原则

污染型土地退化防治不是与发展对立，而是坚持与发展融合促进。因此，应妥善处理好发展与保护的关系，通过土壤污染防控促进地方经济生态化转型，促进企业寻求生态化转变，通过土壤污染治理促进区域环境质量改善和生态文明建

设，达到污染型土地退化防治与区域社会经济融合发展的目的。对于社会关注的环境热点区域，如对食品安全、人居环境有重大影响的重污染工矿企业场地与周边区域、集中式饮用水水源地等，应开展适度修复。

5. 坚持示范引导、因地制宜原则

场地、耕地、矿区等土壤污染情况各异，采用的修复模式也有很大的差异，实际应用中必须因地制宜，区别化进行土壤综合防治。既要鼓励先进技术的开发、引进，又要立足于当前实际，实施可操作性强的污染型土地退化防治方案。应通过建立污染型土地退化防治试验区、示范区，探索区域性土壤环境问题整治模式，在总结示范经验基础上，逐步加大投入和扩大整治范围，提升土壤综合防治的投入产出比。

6. 坚持"三同时"原则

"三同时"是指一切新建、改建和扩建的基本建设项目（包括小型建设项目）、技术改造项目、自然开发项目，以及可能对环境造成损害的其他工程项目，其防治污染和其他环境保护设施，必须与主体工程同时设计、同时施工、同时投产。

二、污染型土地退化防治原理

污染型土地退化防治应以预防为主，预防的重点应放在对各种污染源排放进行浓度和总量控制；对农业用水进行经常性监测、监督，使之符合农田灌溉水质标准；合理施用化肥、农药，慎重使用下水污泥、河泥、塘泥；利用城市污水灌溉，必须进行净化处理；推广病虫草害的生物防治和综合防治；整治矿山，防止矿毒污染等。改良治理方面，重金属污染土地常采用排土、客土改良或使用化学改良剂，改变土壤的氧化还原条件，使重金属转变为难溶物质，降低其活性；对于有机污染物（如三氯乙醛），可采用松土、施加碱性肥料、翻耕晒垡、灌水冲洗等措施加以治理。

三、污染型土地退化防治措施

（一）农艺措施

1. 增施有机肥

增施有机肥可增加土壤有机质和养分含量，既能改善土壤理化性质特别是土壤胶体性质，又能增大土壤环境容量，提高土壤净化能力。受到重金属和农药污染的土壤，增施有机肥可提高土壤胶体对其的吸附能力，同时土壤腐殖质可络合污染物质，显著提高土壤钝化污染物的能力，从而减弱其对植物的毒害。

2. 调节土壤氧化还原条件

调节土壤氧化还原条件，在很大程度上影响变价重金属元素在土壤中的行为及属性，能使某些重金属污染物转化为难溶态沉淀物，控制其迁移和转化，从而降低污染物危害程度。调节土壤氧化还原电位（Eh），主要通过调节土壤水、气比例来实现。在生产实践中，往往通过土壤水分管理和耕作措施来实现，如水田淹灌，Eh 可降至 160mV，此时许多重金属都可生成难溶性的硫化物而降低其毒性。

3. 改变耕作制度

改变耕作制度会引起土壤条件的变化，可消除某些污染物的毒害。据研究，实行水旱轮作是减轻和消除农药污染的有效措施。例如，滴滴涕、六六六等农药在棉田中的降解速度很慢，残留量大，而棉田改水后，可大大加速滴滴涕和六六六的降解。

4. 换土和翻土

对于轻度污染的土壤，可采取深翻土或换无污染客土的方法。对于污染严重的土壤，可采取铲除表土或换客土的方法。这些方法的优点是改良较彻底，适用于小面积改良，但对于大面积污染土壤的改良，资金高昂且费时费力，难以推行。

（二）化学方法

对于重金属轻度污染的土壤，使用化学改良剂可使重金属转为难溶性物质而被固化，减少植物对它们的吸收。在酸性土壤施用石灰，可提高土壤 pH，还可使镉、锌、铜、汞等形成氢氧化物沉淀，从而降低它们在土壤中的浓度，减轻对植物的危害。对于硝态氮积累过多并已流入地下水体的土壤，一则大幅度减少氮肥施用量，二则配施脲酶抑制剂、硝化抑制剂等化学抑制剂，以控制硝酸盐和亚硝酸盐等固化剂的大量累积。

（三）生物修复方法

土壤污染物质可以通过生物降解或植物吸收而被净化。土壤动物中，蚯蚓是一种能提高土壤自净能力的动物，利用它还能处理城市垃圾、工业废弃物及农药、重金属等有害物质。因此，蚯蚓被人们誉为"生态学的大力士"和"净化器"等。积极推广使用降解农药污染的微生物降解菌剂，以减少农药残留量。此外，利用植物吸收去除污染，严重污染的土壤可改种某些非食用植物，如花卉、林木、纤维作物等，也可种植一些非食用的吸收重金属能力强的植物。例如，羊齿类铁角蕨属植物对土壤重金属有较强的吸收聚集能力，对镉的吸收率可达到 10%，连续种植多年能有效降低土壤含镉量，形成生物富集效应。

（四）隔离法

对于复合污染土壤，主要采用工程隔离治理措施。陕西省土地工程建设集团有限责任公司以潼关金矿区复合污染土壤为例，通过多年科技攻关，研发了行之有效的治理技术。

（1）通过构建见效快、易实施、效果好、适用于重金属复合污染土体的隔离层，实现化学-物理联合吸附的重金属有效隔离。隔离层材料为黄土、熟石灰、活性炭和黏土矿物、细沙。利用熟石灰的化学钝化作用隔离重金属，利用气凝特性构建稳定固结隔离层，利用活性炭的微孔和巨大比表面积特性吸附（收）重金属，利用黏土矿物巨大比表面积、强吸附性与离子交换等特性对重金属进行吸附、配合、共沉淀等。活性炭和黏土矿物能够吸附熟石灰未能有效钝化的重金属，熟石灰可提高污染土壤 pH，促进多孔物质的吸附作用。

（2）研发多物理界面土体剖面重构技术。构建不同紧实度土层组成的具有多个物理界面的土体构型，自下而上分别为隔离层（厚 10cm）、净土层（厚 40cm）、耕作层（厚 30cm）。经土体有机重构的剖面构型可有效防止植物根系穿插对隔离层的损坏，防止重金属随水分移动在土体中迁移与扩散，同时抑制 Hg 的挥发（魏样等，2018）。

（3）形成分区域的植物配置技术。按照污染物所在位置、有害元素污染程度及危害性的差异，将堆渣场地分为堆渣区和氰化池分布区，分别采用不同的种植方案。堆渣区种植方案是将堆渣场地整平隔离覆土后，恢复耕地，结合实验研究成果，经过土体重构处理后的耕地隔离效果良好，适于多种农作物的种植。结合当地农业种植情况的调查结果，建议选择种植玉米、花生等农作物。

（五）实施针对性措施

对于重金属污染土壤的治理，主要通过生物修复、施用石灰、增施有机肥、灌水调节土壤 Eh、换客土等措施，降低或消除污染。对于有机污染物，通过增施有机肥料、使用微生物降解菌剂、调控土壤 pH 和 Eh 等措施，加速污染物的降解，从而消除污染。总之，按照"预防为主"的环保方针，防治污染型土地退化的首要任务是控制和消除土壤污染源，防止发生新的土壤污染；对于已污染的土壤，要采取一切有效措施，清除土壤中的污染物，改良土壤，防止污染物在土壤中的迁移转化。

第六节　损毁型土地退化防治

一、损毁型土地退化防治原则

（1）坚持"谁破坏，谁复垦"原则。
（2）坚持规避环境二次污染原则。
（3）坚持生态效益恢复优先原则。
（4）坚持修复后长期监管原则。

二、损毁型土地退化防治原理

损毁型土地退化防治原理是通过工程或生物技术，使自然力或生产建设等外力作用导致的地质、地貌变化和地表植被灭失等得以恢复，重新进行利用。大规模矿山开采等生产建设活动不仅加剧了地质灾害发生的风险，而且损毁大量的土地，通过构建科学合理的矿区土地复垦及生态修复技术，可以为矿区生态环境治理工作提供有力的依据，并且促进当地土地资源的可持续利用。

三、损毁型土地退化防治措施

1. 工程治理措施

1）地裂缝治理技术

地表稳沉后的永久性裂缝很难自愈，长时期内将对生态环境造成不可逆的破坏。针对地表稳沉的特点，应尽量减少对裂缝两侧原生牧草地的扰动，对裂缝进行充填，采用细沙和水（3∶1）对裂缝进行充填，直充至距地表 20cm，利用小型机械设备在隆起区取土，对裂缝进行表土覆盖。采用人工和机械相结合的方式对平整后的表土进行必要的碾压，使其达到天然土壤的干密度，减少后期下沉，地形与原地貌保持一致，在覆土表面进行植被恢复，如图 5-2 所示。

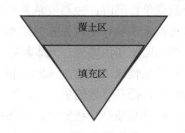

图 5-2　水平开裂地裂缝治理技术示意图

2）隆起治理技术

①表土剥离：在施工前须将隆起高度在 30cm 以上部分全部剥离，主要以人工治理方式为主，为防止水土流失采取一定的防护措施，尽可能地保护原表土，填充至裂缝表面。②土地平整：隆起高度在 30cm 以下的直接耙平，采用人工和

机械相结合的方式对平整后的表土进行必要的碾压，碾压至天然土壤的干密度，以减少下沉。

3）人为施工占用土地治理技术

①场地清理：对人工区域治理区内的建筑垃圾进行清理，人工区域走廊正下方及两侧 2m 以内人工清理，其他区域人工清理配合机械清运。②土地平整：牲畜经常穿过廊道，通过道路到达对面草场活动，并且在炎热夏季长期集聚在输煤廊道下乘凉，对地面踩踏严重，导致地面硬度过大，影响植被的生长。利用小型机械进行表土松、平，厚度 30cm，减小地面硬度，对皮带运输走廊正下方及两侧 2m 范围内人工平整。

2. 生物治理措施

1）土壤改良

人工区域走廊占用土地，地表土壤已经呈现沙化趋势，根据对地表土壤特性的检测，全氮和有机质含量均较低，所以对地表土壤应首先采取土壤改良措施。利用微生物（主要为丛枝菌根真菌）复垦技术，从根本上挖掘土壤中潜在的肥力，改善废弃基质理化性质，修复受损根系，加速养分的生物循环，增加生态系统的多样性、稳定性与可持续性，以达到土壤改良的效果。

2）植被配置

选择适宜的草种是重建和恢复矿区生态系统的关键。植物种类的组成决定着人工植被能否形成，即能否成活、保存、正常生长、发育和发挥应有的功能。治理区寒冷、风大、春季干旱，豆科牧草主要吸收土壤中的钙、磷和镁，禾本科牧草主要吸收土壤中的硅和氮，混播模式可以有效降低植物在生长过程中对土壤养分的竞争。同时，豆科牧草具有固氮功能，不但可满足自身的生长发育需要，还可提高禾本科牧草对氮素的需求，而且禾本科牧草对固氮产物的利用可促使豆科牧草的固氮作用增强。禾本科牧草根系较浅，主要集中在土层 30cm 以内；豆科牧草根系较深，可达 1～2m。根系在空间上的分布差异，可降低地下水分和养分的竞争，提高草地的生产力，有利于土壤肥力的恢复。

草种必须是一级原种，有条件应进行根瘤菌接种和种子包衣，增加出苗率，根据矿区冬季漫长寒冷、雨雪稀少的气候特点，最好在雨季来临前或雨季抢墒播种，播种深度一般 2～3cm 为宜。

3）管护技术

对沉陷区和人为施工走廊占用土地采取围栏封育，依据沉陷区土壤特性及裂缝隆起两侧植被类型，结合破坏前土地利用类型及草种的生物学特性，坚持以乡土草种为主，选种播撒牧草为宜。根据地带性规律，采用同一地带适应性强的草种，充分利用豆科植物的固氮优势，采取豆科牧草与禾本科牧草混播方式。选择草种为豆科植物苜蓿，禾本科植物沙生冰草、披碱草和蔷薇科植物地榆，植物特性如表 5-8 所示。

表 5-8　沉陷区植物特性表

植物名称	科名	特性	用处
苜蓿	豆科	适宜于半干旱气候，侧根发达	饲料和绿肥
沙生冰草	禾本科	抗旱、耐寒、耐牧	牧草
披碱草	禾本科	耐旱、耐寒、耐碱、耐风沙，多生于山坡草地或路边	牧草
地榆	蔷薇科	生命力旺盛，不择土壤，耐寒，耐旱	饲料和绿肥

皮带运输走廊靠近矿区进场公路，可进行景观植被配置，采取乔-灌-草混合模式的种植方案。樟子松有庞大而健壮的根系和外生菌根，是水土保持的优良树种，成活率高。播种固沙植物是最有效方法，直播施工方便，但见效慢，受降雨限制。植苗见效快，可人工浇水，但施工复杂，造价相对高，所以本区采用移栽樟子松、柠条锦鸡儿、沙棘和播种固沙植物相结合的方式，改良后的土壤种植苜蓿、黄花苜蓿、披碱草。植物特性如表 5-9 所示。

表 5-9　占用地植物特性表

类型	植物名称	科名	特性	用处
草本	苜蓿	豆科	适宜于半干旱气候，侧根发达	饲料和绿肥
	黄花苜蓿	豆科	适宜于半干旱气候，侧根发达	饲料和绿肥
	披碱草	禾本科	耐旱、耐寒、耐碱、耐风沙，多生于山坡草地或路边	牧草
灌木	柠条锦鸡儿	豆科	喜光、耐旱、耐寒、耐贫瘠，深根	防风固沙、保持水土，很好的护坡树种
	沙棘	胡颓子科	耐旱、抗风沙，可以在盐渍化土地上生存，被广泛用于水土保持、沙漠绿化	药食同源植物
乔木	樟子松	松科	喜光、耐寒、耐旱、耐贫瘠，深根，生长快	速生用材、防护绿化、水土保持优

利用草库伦网围栏对复垦后的牧草地进行封育管理，严禁复垦恢复过渡阶段放牧。在牧草稀疏的地方，应在第二年及时补播，最好在雨季来临前完成补种作业。研究矿区极端最低气温-39.9℃（1997 年 1 月 20 日），无霜期 95d，因此要特别注意防冻措施，主要防冻措施如下。

（1）在适合季节种植，争取在入冬之前培育成壮苗。

（2）针对第一年种植的植被，可以在入冬前在地表覆盖塑料布、草毡子等，以提高植物的抗冻能力。

　　通过对土壤养分指标全氮及有机质进行化验分析，得到沙化土壤的肥力下降明显。根据地表的土地损毁现状、土壤特性等，提出有针对性的生态治理措施，包括工程治理措施和生物治理措施，将开采对地表土壤和植被的不利影响降到最小，达到既可以保障生态环境、又可以促进矿山企业的健康生产。生态环境的恢复是一个长期的过程，在煤炭开采过程中，对生态环境进行防治是重中之重。

参 考 文 献

党菊香, 郭文龙, 郭俊炜, 等, 2004. 不同种植年限蔬菜大棚土壤盐分累积及硝态氮迁移规律[J]. 中国农学通报, 20(6): 189-191.

冯永军, 陈为峰, 张黄娜, 等, 2001. 设施园艺土壤的盐化与治理对策[J]. 农业工程学报, 17(2): 111-114.

纪永福, 蔺海明, 杨自辉, 等, 2005. 解冻期覆盖盐渍土地表对土壤盐分和水分的影响[J]. 干旱区研究, 22(3): 17-24.

李海云, 王秀峰, 邢禹贤, 2001. 设施土壤盐分积累及防治措施研究进展[J]. 山东农业大学学报(自然科学版), 32(4): 535-538.

李延轩, 张锡洲, 王昌全, 等, 2001. 保护地土壤次生盐渍化的研究进展[J]. 西南农业学报, 14(S1): 103-107.

刘建玲, 杜连凤, 廖文华, 等, 2005. 日光温室土壤次生盐渍化状况及有机肥腐熟度的影响[J]. 河北农业大学学报, 28(9): 16-19.

吕殿青, 王文九, 王文焰, 等, 2001. 膜下滴灌土壤盐分及影响因素的初步研究[J]. 灌溉排水, 6(3): 28-31.

马建业, 2018. 黄土旱区农田土壤紧实度的研究现状[J]. 绿色科技, (22): 97-98, 106.

孟艳玲, 王丽萍, 杨合法, 等, 2008. 长期施用有机肥对温室土壤盐分积累的抑制作用[J]. 长江蔬菜, (5): 54-56.

那伟民, 陈杏禹, 1999. 蔬菜保护地土壤次生盐渍化的形成与防治[J]. 辽宁熊岳农业高等专科学校学报, 1(2): 28-31.

魏样, 孙嫛嫛, 卢楠, 等, 2018. 矿区复合污染土体存在的现实问题与治理对策[J]. 农业开发与装备, (12): 85-86.

吴兴国, 2001. 蔬菜保护地表土盐分积聚原因及防治措施[J]. 上海农业科技, (3): 5-6.

张春兰, 张耀东, 朱建春, 等, 1994. 施用稻草对防治保护地土壤盐渍化的作用[J]. 土壤, 26(3): 146-148.

GUY F, 1996. Irrigation Water Quality Standards and Salinity Management Strategies[Z]. Texas: The Texas A&M University System.

第六章 土地退化防治典型案例分析

我国土地退化具有类型多、分布广、差异大的特征，土地退化对国家生态安全与粮食安全构成不可忽视的威胁。随着国家对生态环境保护和土地退化防治的高度关注，各界在长期的科学研究与工程实践中，积累了丰富的土地退化防治经验，实现了土地退化零增长，土地净恢复面积全球占比 18.24%，位居世界第一，为全球土地退化零增长做出了重要贡献（余璐，2020）。本章选择沙化、侵蚀、盐渍化、贫瘠化、污染与损毁六种类型的退化土地防治案例，从土地退化特性、成因、影响因素、防治技术模式、实施方法和效益等方面进行总结，为我国不同类型土地退化防治提供参考。

第一节 沙化型土地退化防治案例分析

沙化型土地因风蚀等多种因素，土壤细颗粒物质丧失或外来沙粒覆盖原有土壤表层，退化土地的地表物质以沙（砾）为主。沙化型土地生产力低、生态环境脆弱，同时拥有丰富的光热资源，地势较平坦，土地开发利用潜力大，是重要的耕地后备资源。长期以来，沙化型土地因治理难度大、成本高、耗水量大而无法大规模开发利用。毛乌素沙地是我国四大沙地之一，位于陕西省榆林市明长城以北，是黄河泥沙的主要来源之一。本节以榆林市榆阳区沙地综合开发为例，针对沙地水资源短缺、土地生产力低、治理成本高等问题，基于砒砂岩保水与沙漏水透气互补性质，创新性地将二者合理复配立即成土，实现沙地防风固沙、节水保肥，提高风沙土地生产力，改善生态环境，为沙化型土地退化防治提供思路和方法。

一、沙化型土地退化区域概况

（一）沙化型土地退化区域地理位置

毛乌素沙地位于我国内蒙古鄂尔多斯市南部、陕西榆林和宁夏盐池，地理坐标为 107°20′E～111°30′E，37°27.5′N～39°22.5′N，面积达 4.22 万 km²。毛乌素沙地处于不同自然地带交接地段，各种第四系沉积物均具明显沙性，松散沙层经风力搬运，形成易动流沙，是陕西北部等地沙尘暴的主要沙源，也是黄河泥沙主要源地之一。榆林市榆阳区小纪汗镇大纪汗村沙化土地综合开发项目位于毛乌素沙地南缘，无定河中游，地理位置为 109°28′58″E～109°30′10″E，38°27′53″N～38°28′23″N（韩霁昌，2014a）。榆阳区东西长 128km，南北宽 124km，总土地面积 7053km²。

（二）沙化型土地退化区域自然环境

1. 地形地貌

该项目所在地榆林市榆阳区总体上东北高、西南低，以明长城为界，形成两大类型地貌布局。明长城以北为风沙草滩区，地势较平坦，沙丘、草滩、小湖泊（海子）交错分布，地下水储量丰富，科学治理后可发展旱地农业，在风蚀与水蚀复合作用下，沙地不断延绵。明长城以南为丘陵沟壑区，有较大长流水沟 34条，较大沟壑 2000 余条，中南部河川区红石峡以南的无定河沿岸狭长地带地势较平坦。

榆阳区地貌大致为"七沙、二山、一分田"。以明长城为界，北部为风沙草滩区，占全区总面积的 76.1%，南部为丘陵沟壑区，占全区总面积的 23.9%。整体地势东北高、西南低，海拔为 870.0～1405.4m。区内地貌属鄂尔多斯地台，其地台基底属前震旦纪，自震旦纪开始，连续接受沉积形成地台，基底的覆盖层主要是古生代和新生代的沉积岩。第四纪以来，明长城以北以风力作用为主，在流水、风化、重力、霜冻作用为次的外营力作用下，地台上形成绵延不断的沙丘和沙地。到了第三纪上新世，地壳徐徐下沉，在干热气候条件下，在高低不平的原始地形及低洼河谷的侵蚀面上，沉积了红色泥岩黏土层，俗称"砒砂岩"。由于地层为陆相碎屑岩系，覆岩层厚度小、压力低，其成岩程度低、沙粒间胶结程度差、结构强度低。受气候干燥、风蚀风化强、植被稀少及人为因素等影响，砒砂岩层极易发生风化剥蚀，表现出无水则坚硬如石、有水则松软如泥的特性，水土流失严重（盛晓磊，2017）。

2. 气候环境

项目区属于中温带半干旱大陆性季风气候，四季冷暖分明，干湿各异。春季少雨干旱，冷热剧变；夏季炎热多雨，雷雨、暴雨频繁；秋季气温适宜，秋高气爽；冬季寒冷干燥、少雪。四季变化极为明显。日照时间较长，光能充足，全年平均气温 10℃，地表温度平均 8.1℃，≥10℃有效积温 3307.5℃，且持续天数为 168d，年平均无霜期 154d，农作物一年一熟。年平均降水量 413.9mm，且年际及年内变化大，全年 60.9%的降水集中在 7～9 月，"十年九旱"的气候环境严重制约农牧业发展。干旱、大风、霜冻和冰雹等气象灾害多发生在 4～9 月，各类自然灾害往往同年份出现，影响植被的正常生长，进一步加剧土壤干旱化、植被覆盖度降低，土壤结构松散，加速土地沙化（韩霁昌，2014a）。

3. 土壤

项目区地处典型的风沙草滩地，有大量碟形洼地和形状不一、大小不等的沙丘涧地，土壤类型为风沙土，土壤养分含量极低。风沙土剖面构型是 A-C 型（表土层-底土层），属于较为原始的简单剖面，缺少 B 层（淀积层），成土母质是风积沙，土壤结构是粒状或微团粒。

（三）沙化型土地退化区域社会经济与人口

项目区所属的榆阳区是榆林市的政治、经济和文化中心，近年来社会经济蓬勃发展。根据地区生产总值统计核算结果，2022 全年实现地区生产总值 1673.51 亿元，其中，第一产业增加值 52.86 亿元，第二产业增加值 1168.26 亿元，第三产业增加值 452.39 亿元，三次产业比重分别为 3.2∶69.8∶27.0。实现城乡居民人均可支配收入 43143 元。2020 年第七次人口普查结果显示，榆阳区常住人口 96.76 万人。在社会经济发展与人口增长过程中，人们对水资源和土地资源的需求不断增加，耕地占补平衡压力不断增大，过度开发利用耕地、放牧、砍伐及不合理的资源利用会使区域脆弱的生态环境恶化和土地沙化。

二、沙化型土地退化驱动因素分析

沙化型土地退化驱动因素包括自然因素和人为因素两个方面。其中，自然因素包括气候干旱多风、全球气候变化及地质因素等（汪晓菲等，2015；马骏等，2014）。人为因素主要指水资源的过度开采、生态环境的恶化及滥垦、滥牧、滥伐。①明清以来，该地大规模垦荒；②该地作为我国能源开发的重点区域，能源工业的发展加剧了诸多原有生态问题，如植被破坏、环境污染、水位下降、沙丘活化等，使该地区沙漠化加剧，严重影响人与自然的和谐发展与能源基地的可持续发展（魏样等，2017）。

项目区风沙土酸碱性适中，土体中砂粒含量高，粉粒、黏粒含量极低，属砂土类，缺乏土壤胶体这个核心颗粒，土粒缺乏胶结性而分散。沙化土地形障碍因素使其保水保肥性能差，有机碳及氮素、钾素不易积累，磷素移动小，积累缓慢，植物所需基本营养元素（物质）、土壤有机质、全氮、碱解氮、有效磷、速效钾的含量均处于较低水平（表6-1），不利于农作物的种植。若作为耕地进行农业生产，须进行针对性的土体有机重构（韩霁昌，2016a）。

表6-1　耕层土壤基本理化性质与养分含量

基本理化性质		养分含量	
pH	8.10	有机质含量/（g/g）	7.72
砂粒含量（0.05～2mm）/%	94.06	全氮含量/（g/kg）	0.31
粉粒含量（0.002～0.05mm）/%	3.21	碱解氮含量/（mg/kg）	48.80
黏粒含量（<0.002mm）/%	2.73	有效磷含量/（mg/kg）	13.90
质地	砂土	速效钾含量/（mg/kg）	76.00
干容重/（g/cm³）	1.50		

三、沙化型土地退化防治技术模式

（一）沙化型土地退化防治技术

近年来，陕西省土地工程建设集团有限责任公司历时十余年，在当地对广泛分布的砒砂岩与沙资源进行了深入调查与系统研究，以砒砂岩较强的吸水持水能力为启示，以"改土"为主要思路，创新性地提出了将砒砂岩与沙以适宜的比例复合成土的开发利用方式，成功实现了沙地的资源化利用，形成了砒砂岩与沙复配成土核心技术模式。该模式以防风固沙、节水保肥、新增优质耕地为目标，针对土地沙化和砒砂岩水土流失的"两害"难题，充分利用砒砂岩与沙两种物质结构和特性互补的性质，科学地将二者复配可实现固沙和节水造田（韩霁昌，2014b）。

1. 砒砂岩作为沙地改良材料

针对沙地风蚀严重、漏水漏肥、生产力低等问题，通过寻找与分析砒砂岩与沙的结构特征，明确了两者的互补特性，从根本上弥补沙地尘土中胶体颗粒欠缺的缺陷。沙地95%以上属粒径为0.05～1.00mm的原生矿物，黏粒含量低至0.8%，核心问题是矿物质中胶体物质缺失。砒砂岩中次生黏土矿物含量高达16.8%～46.4%，黏粒含量高达10.3%～30.3%，多为导水性强的蒙脱石，能为沙地成土提供核心物质——胶体，弥补了粒级缺陷。砒砂岩环境质量符合国家标准《土壤环境质量　农用地土壤污染风险管控标准（试行）》（GB 15618—2018）中的相关规定，其中钙、镁、铁等中微量营养元素含量是沙的3倍以上，为作物生长提供营养（韩霁昌，2014a）。该项目区周边2500万亩砒砂岩中易开采的面积约682万亩，与沙地相间分布，就地取材，成本低，能满足毛乌素沙地规模化整治对巨量材料质与量的需求。

2. 砒砂岩与沙复配成土，集节水、固沙于一体

构建保水、保肥、宜种复配土的砒砂岩，与沙复配适宜比例为 1：2～1：5，实现了从沙土即刻变成了砂质壤土～粉质壤土，其多个性状接近当地的轻壤质黄绵土。利用沟垄集水、有机无机肥配合基施、秸秆还田等，集成喷灌和滴灌、测土配方施肥等多项综合管理技术。优化不同年型下春玉米和马铃薯的高产高效水肥管理制度，与当地直接在沙地种植马铃薯相比，复配土节水 61.0%，水分利用效率提高 2.7 倍以上，氮肥利用效率提高 31.4%。复配土的保水、保肥性能显著提升，促进了土体有机化进程，同时形成了满足复配土体在作物生育期及休闲期持续固沙技术（张海欧，2020）。针对作物生育期，提出适度密植，依靠叶片和冠层的拖风及对近地层空气湿度的改善作用，改变了沙地起沙环境；主风向的作物播种方向能增大地面粗糙度、降低近地层风速，基于此沟垄种植模式，构建起农田防护林带等生物屏障固沙技术；针对休闲期，提出作物收获后利用作物秸秆覆盖地表，入冬前进行灌溉形成冻盖层等物理固沙技术。根据实地监测结果，复配土体在地面无植被期间，风速达 14m/s 以上才会起沙，起沙风速相比原沙地提高了 8m/s，固沙能力提高了 2.5 倍，复配土体"抑风抗沙"效果明显（韩霁昌，2014a）。

3. 砒砂岩与沙复配造地工程模式

应用沙地整治的决策服务信息管理系统，实现水土耦合与合理开发，以工程成本、水资源供给和生态环境为约束，实现短时间沙地整治项目的信息获取、概念规划和科学决策，为合理制订沙地开发强度及规模提供指导。建立了包含田块设计、土体有机重构主体工程和配套工程设计、施工、验收和利用等全流程的技术标准体系。

（二）沙化型土地退化防治工程

1. 土地平整工程

项目区大部分为高低起伏、植被极为稀疏的沙丘及其他草地和荒沙地，相对高差小于 20m，但是地势高低不均，造成土地平整工程量大。遵循机械耕作方便、满足灌溉排水要求和工程量最小原则布设田块，每块地均为北高南低，西高东低，比降均为 5‰。施工前按田块和道路位置进行放线，先道路中心线、后道路路基边线与田块边坡坡脚线，以控制田块四周位置，采用履带式推土机推土平整并辅以人工。根据设计高程，测设出挖填平衡线，以每个小田块为一个施工单元，用推土机推平田块中的沙丘至设计高程并及时覆砒砂岩（庞喆，2018a）。

2. 主体工程

1）土体物理重构

风沙土砂粒含量在 80%以上，有机质含量低，不适宜直接耕种和农作物生长。沙地平整后，耕作层复配 5～7cm 砒砂岩以增加土壤黏粒含量。砒砂岩就近就地取用，以田块为实施单元统一画出方格网，确保各网格内砒砂岩复配体积相等。将砒砂岩在耕作层内翻耕混匀，耕作层 35cm 深度范围内砂粒含量可降到 60%～70%，粉粒含量可增到 30%～40%，达到轻壤土和中壤土标准（图 6-1）。复配成土工程后，将场地平整，以防水土流失、沙地进一步退化。

图 6-1　沙地平整及复配成土工程实施

2）土体生物营养保障

沙与砒砂岩自身有机质匮乏，氮、磷、钾等作物生长所需的营养元素含量低。虽然砒砂岩在提高沙地水分、氮素和肥料利用效率方面具有显著作用，与沙复配能有效提升风沙土的肥力水平，随着种植季数增加，土壤有机质含量明显增加（李宛莹，2022），但整体上复配土的有机质平均含量处于急缺水平，全氮、有效磷、速效钾等的含量也需要进一步调控提升，以满足首年种植作物正常生长需求。适宜当地气候环境的主要作物为玉米和马铃薯，对复配土首年营养状况进行重构提升。复配土种植玉米时，枯水年、平水年、丰水年灌溉量分别为 477mm、291mm、176mm，施肥量分别为每公顷 114kg 氮、90kg 氮和 169kg 氮。复配土种植马铃薯时，枯水年、平水年、丰水年的灌溉量分别为 245mm、219mm、104mm，施肥量分别为每公顷 120kg 氮、120kg 氮和 121kg 氮（韩霁昌，2014b）。

综合土地的养分需求，因地制宜地选择有机肥与无机肥结合施用。有机肥以基肥形式直接在播种期施入；无机肥分阶段追施，将肥料供应与灌溉相结合，采用水肥一体化技术。水肥管理方案具体见表 6-2（庞喆，2018a），将固体肥料或液体肥料配兑而成的肥液储存于肥液池，与喷灌机中灌溉水混合后灌入田块中，进而实现对肥料添加量的精确控制。此外，新增耕地首年种植可能发生作物产量较低或者极低的现象,为保证大规模种植时良好的产投比和土体养分的快速调节,首年作物收获后,将所有秸秆进行就地还田,秸秆深翻完全埋压于犁坯下,加速其分解速率,提高还田效率。

表 6-2 沙地整治后田间水肥管理方案

时间	施肥	灌溉
播种期	有机肥 500kg/亩、无机肥 12kg/亩,施肥时,结合翻耕整地及灌溉浇水,将有机肥施入到土表下 25~35cm 的根系分布层	保持土壤相对含水量 60%~70%;灌溉均匀一致,灌溉次数两次,每次灌溉量为 7.4m³/亩
幼苗期	播种后,施用无机肥 4kg/亩	进行两次灌溉,每次灌溉量控制为 7.4m³/亩
块茎形成期	结合灌溉进行后期叶面追肥,每亩叶面喷施 0.3%~0.5%的磷酸二氢钾溶液 50kg,适当增加 150g 尿素,每 15d 喷一次	土壤相对含水量不低于 60%,总体保持在 65%左右,分三次灌溉,每次灌溉量为 14.8m³/亩
块茎膨大期	每隔 10d,分 3 次,每亩施用氯化钾复合肥 15kg	充分保证马铃薯对水分的需求,土壤水分要持续保持田间最大持水量的 70%~80%,分三次灌溉,每次灌溉量为 14.8m³/亩
淀粉积累期	停止追肥	田间持水量保持 55%,分两次灌溉,每次灌溉量 12.7m³/亩,收获前停止灌溉

3. 配套工程

1)灌溉与排水工程

毛乌素沙地属生态脆弱区,生态环境退化,地表水资源匮乏。地下水主要含水层位于第四系松散层孔隙潜水。根据水文地质条件,以地下水为灌溉水源,以地埋管道向中央集水池输水,然后通过二次加压,将水输送至喷灌机。采用大型喷灌模式及地埋低压管道系统,田间灌水采用中心支轴式喷灌机灌溉,边角地带采用出水桩接移动式喷灌系统进行灌溉,整体适用性广、节约资源、适应性强,利于规模化生产和管理。电动喷灌机机械化、自动化水平高,灌溉质量好,可保证农作物大幅度地增产。

灌排工程主要包括机井工程、输水管道、微喷灌工程、建(构)筑物、输配电工程等。机井出水量不少于 30m³/h,单井控制面积为 200 亩左右,田间输水全部采用地埋管道。以节水灌溉为基础,一般选用中心支轴喷灌机,灌溉保证率不低于 75%。管道力求总长度最短,管线平直,尽量减少折点和起伏,管道转角不应小于 90°,采用 U-PVC 管材,出水栓与机井出水管连接段、与蓄水池连接段均采用钢管(图 6-2)。

（a）平移式喷灌机　　　　　　（b）蓄水池

图 6-2　喷灌机工程

2）道路工程

根据沙地造田工程需要，结合沙地防治区域农业生产与居民生活特点，遵循方便居民出行和耕作、有利于提高农业机械化水平、充分利用现有田间道路等原则，统一规划设计。新修主干路、田间道和生产路，形成项目区内与区外道路相连、区内居民点和田间劳作相通的交通网，以满足农田作业和日常生产、运输等生产生活需要。道路按照砂砾石路面设计施工，沙路基基础水沉淀处理，土路基压实，压实系数不小于 0.93，弯道半径不小于 20m。

3）农田防护与生态环境保护工程

沙地复配成土造田后，为了降低风害对农业生产的影响，改善田间小气候和农田生态环境，因地制宜地布设防护林带，以防风固沙、保护农田。结合当地土著树种，选择耐旱、耐碱、抗病的樟子松、新疆杨、沙柳。主干路两侧防护林带栽植樟子松 1 行，株距 1.5m，行距为 2m；沙柳 2 行，株距 1.5m，行距 1.5m。环喷灌单元外围田坎上栽植樟子松 1 行，田坎下栽植沙柳 2 行，株距 1.5m，行距 2m。外围区栽植新疆杨 4 行，沙柳 2 行，株距 1.5m，行距为 1.5m。项目建设总规模 176.75hm²，新增耕地 168.86hm²，共栽植树木 31076 棵，其中樟子松 3713 棵，新疆杨 14607 棵，沙柳 12756 棵。周边采用沙柳枝条设置沙障，面积为 2.57hm²，露出地面 0.5m，埋入地下 0.2m。

四、沙化型土地退化防治效益分析

1. 沙化型土地退化防治的经济效益

该项目实施后，新增耕地 2532.94 亩。综合考虑当地市场需求、农业生产及生活习惯，种植的马铃薯在稳定生产年的单产为 2250kg/亩，收入达 1139.82 万元，除去农田生产与管护成本 683.89 万元，年新增纯收入 455.93 万元（表 6-3）。土地生产力达到稳产后，项目每年净收益总计 455.93 万元，净增耕地面积 2532.94 亩，每亩每年净收益为 1800 元，每亩投入产出率为 21.22%，投资回收期 5 年（韩霁昌，2014a）。

表6-3　风沙土改良后经济效益测算表

作物	面积/亩	单产/ （kg/亩）	单价/ （元/kg）	收入/ 万元	成本/ （元/亩）	成本/ （万元）	收益/万元
马铃薯	2532.94	2250	2.0	1139.82	2700	683.89	455.93

2. 沙化型土地退化防治的社会效益

在毛乌素沙地开展复配成土造田，有效提升耕地质量，提高粮食生产能力，补充了耕地资源，为地方粮食安全及我国 18 亿亩耕地红线保护做出积极贡献。该项目实施显著改善了沙化地区农业生产条件和基础设施建设，提高了农业生产率，为促进现代沙地资源利用及沙地农业发展树立了典范（图 6-3）。大规模现代化农业改变了传统的农业生产方式，改善了农业生产条件和人居环境，提高了劳动效率，增加了农民经济收入，对农村经济、社会持续发展和小康社会建设起到了积极作用。

（a）整治前原貌　　　　　　（b）整治后马铃薯田

图6-3　沙化土地综合整治前后环境状况

3. 沙化型土地退化防治的生态效益

通过在沙化土地应用工程措施、生物措施和配套工程措施，经与砒砂岩复配，沙化土地结构与理化特性明显改善，防风固沙、抗侵蚀能力增强，实现了田、水、电、林、路综合治理，有效地增加了耕地面积。栽植的新疆杨、沙柳和樟子松等植被不仅能有效防风固沙，控制水土流失，还增加了林草地面积，提高了植被覆盖度，具有涵养水源、净化空气的作用，对生态环境质量的改善起到重要作用。

第二节　侵蚀型土地退化防治案例分析

　　我国水土保持发展历史悠久，当今我国及世界上有关水土保持的理论和技术，多为我国历史上成就的延续和发展（唐克丽，2004）。黄土丘陵沟壑区是我国乃至全球水土流失最严重的地区之一。严重的水土流失导致土地退化，生态环境恶化，加剧自然灾害和人民贫困，制约着社会经济的可持续发展。水土保持技术是控制水土流失、改善区域生态环境、提高生活水平、实现区域可持续发展的关键技术之一。在延安市羊圈沟地区，为控制小流域水土流失、改善小流域的生态环境条件，以小流域为单元，主要采用了植被恢复、变坡耕地为梯田、修建淤地坝等植被措施和以工程措施为基础的综合治理，得到了良好的治理效果，对该类型区生态环境建设起到了一定的示范作用。

一、侵蚀型土地退化区域概况

（一）侵蚀型土地退化区域地理位置

　　黄土高原可依据生态状况划分为 4 个分区：黄土高原沟壑区（A）、黄土丘陵沟壑区（B）、沙地和农灌区（C）、土石山区及河谷平原区（D）。黄土高原沟壑区包含黄土高原沟壑区 A1 副区和黄土高原沟壑区 A2 副区，两个副区以六盘山为界；黄土丘陵沟壑区以毛乌素沙地南缘为界，划分为 B1 和 B2 两个副区。黄土高原沟壑区面积 21.8km²，其中 A1 副区和 A2 副区面积分别为 12.4km² 和 9.4km²，A1 副区包括甘肃、青海、宁夏三省（自治区）共 51 个县级行政区，A2 副区包括甘肃、陕西、宁夏三省（自治区）共 41 个县级行政区。黄土丘陵沟壑区面积 12.9km²，其中 B1 副区和 B2 副区面积分别为 5.5km² 和 7.4km²，B1 副区包括陕西、山西、内蒙古三省（自治区）共 22 个县级行政区，B2 副区包括陕西和山西两省共 35 个县级行政区（杨艳芬等，2019）。

　　羊圈沟位于延安市宝塔区东北方向 14km 处的李渠镇（36°42′N，109°31′E），流域面积为 202km²，为延河左岸的二级支沟、碾庄流域的一级支流（傅伯杰等，1999）。

（二）侵蚀型土地退化区域自然环境

1. 地形地貌

　　羊圈沟位于华北陆块鄂尔多斯地块中东部，为典型的黄土梁和黄土沟地貌，区内构造简单，地层相对平缓，无火成岩侵入，是华北陆块上最稳定的部分之一。

区内第四系黄土中构造节理发育，节理间距 10～12m，将黄土切割成直立的菱面体或柱状体，这些节理是导致滑坡的潜在因素。宝塔区的新构造运动主要为地壳间歇性的抬升运动，表现为延河、汾川河及其支流的强烈下切，在河流两侧形成 1～2 级侵蚀堆积阶地，河谷两侧出露大片基岩。陕北黄土高原在新构造运动期间整体表现为中、新生代地壳垂直形变不明显，褶皱、断裂不发育，地震活动水平低。宝塔区地处陕北黄土高原腹地，地壳变形速率为 1～2mm，每年地壳比较稳定，无 4 级以上地震发生，地震动峰值加速度为 0.05g，地震基本烈度为Ⅵ度。区内的地层年代从老到新依次为三叠系、侏罗系、新近系和第四系，第四系黄土广泛覆盖于整个前第四纪的老岩层之上，在深切河谷两侧的坡脚处或剥蚀强烈的沟谷区可见基岩出露。黄土主要为中更新统黄土和上更新统黄土。中更新统黄土主要为风积黄土夹古土壤，出露于沟谷两侧陡坡处，向沟谷侧倾斜，岩性为浅黄、灰黄色粉土、粉质黏土，质地较均一，自上而下渐密实，大孔隙渐少，一般不具湿陷性，出露厚度为 3～8m。上更新统风积黄土覆盖于梁峁顶部，岩性为浅黄色、褐黄色粉土，疏松，大孔隙及垂直节理发育，属自重湿陷性黄土，工程地质性质较差，厚度一般 10～20m 不等。

2. 气候环境

羊圈沟流域的气候类型是半干旱大陆性季风气候，夏季多为东南风，冬季多为西北风，平均风速是 1.3～3.0m/s。该地区的降水量在年际间的变化程度相对较大，平均降水量为 535mm，多年平均水面蒸发量为 897.7~1067.8mm。降水多集中在 7～9 月，这段时间内降水量大于蒸发量，湿润度大于 1.0，干旱指数为 1.57～1.92。年太阳总辐射量达 5800kJ/cm^2，年日照时数为 2528.8h，年平均气温为 9.4℃，7 月多年平均为 22.9℃，1 月多年平均为-6.5℃，气温年较差为 29.4℃。0℃以上活动积温为 3100～3878℃，10℃以上活动积温为 2500～3400℃，无霜期为 140～165d（文雯，2014；栾勇，2008；傅伯杰等，1999）。

3. 水文环境

根据国家发展和改革委员会、水利部、农业部、国家林业局 2010 年印发的《黄土高原地区综合治理规划大纲（2010—2030 年）》，黄河天然年径流总量为 580 亿 m^3，其中年径流量超过 30 亿 m^3 的有渭河、洮河、湟水、伊洛河。黄土高原千沟万壑，且 80%以上是干沟，常在暴雨期间形成山洪。黄土高原径流量小，水资源短缺，人均河川地表径流量（不含过境水）仅相当于全国平均水平的 1/5，耕地亩均径流量不足全国平均水平的 1/8，是我国水资源贫乏的地区。从人均水资源分布来看，宁夏和山西最少，只有 200～400m^3。黄河基本贯穿宁夏全境，北部地势相对平坦，引水比较方便，对农业生产有利，宁夏南部山区干旱缺水；山西黄河流经西部和南部边界，但受吕梁山脉的阻隔，引水困难，缺水比较严重；甘肃定西地区、陇东黄土高原区、渭北旱塬和陕北黄土丘陵区缺水严重。

由于地区特征性极强的降水情况与水土流失特征，陕北黄土丘陵沟壑区河流多沿沟壑呈树枝状分布，曲折多拐，且多为季节性河流，全年径流往往集中在 7～9 月，占全年径流量的 50% 以上，冬季的径流量很小。洪水主要为暴雨所致，具有历时短、洪峰高但流量小、含沙量较大的特点。在洪水上涨时，河床受到冲刷，洪水消退后，泥沙淤积在河床，总量冲刷多、淤积少。地下水作为重要的水资源分支，对于黄土丘陵沟壑区的传统村落发展有着重要的研究意义。黄土高原土壤水分的分布趋势主要受气候类型、植被条件及土壤性质影响，整体上呈现由南向北逐渐减小的趋势。土壤干燥程度呈现由南向北加剧的趋势，但随着纬度的增加，干燥程度在黄土高原北部末端呈现减弱的趋势。西北部水位高、水质好，以淡水为主；而南部地区地下水位偏低、水质较差，以微咸水为主。同时，地下水与黄土高原的地形生成也存在一定的联系（景阳，2021）。

二、侵蚀型土地退化驱动因素分析

黄土高原丘陵沟壑区水土流失的主要影响因素包括黄土性质、地面坡度、降雨强度、沟型、植被和水保措施。除水保措施外，其余均为自然因素，这些自然因素多受人类活动影响而不断改变其原来状态。水土流失既是自然因素形成的必然，又受到人类活动的重大影响。黄土高原丘陵沟壑区大部分地面被第四纪粉状沉积黄土覆盖，其质地均匀，孔隙大，通透性强，在植被保护下，其透水性能和抗冲能力提高。一旦植被遭到破坏，黄土失去植被根系的缠绕和锚固，在暴雨情况下，黄土土体就会受到暴雨的打击而崩陷，引起侵蚀。

（一）侵蚀型土地退化形成的自然因素

1. 岩土性质

我国侵蚀型土地退化最严重的黄土高原地区，主要地表组成物质为黄土，深厚的黄土土层具有明显的垂直节理性，遇水易崩解，抗冲、抗蚀性能很弱，沟道崩塌、滑塌、泻溜等重力侵蚀异常活跃。黄土从南到北颗粒逐渐变粗，黏结度逐渐减弱，黄土高原地区的土壤侵蚀模数也由南向北逐渐加大。

2. 地形

黄土高原黄土深厚，疏松多孔，富含碳酸钙质。受长期内外营力的作用，地表剥蚀切割严重，支离破碎，沟壑纵横。地面坡度越陡，地表径流的流速越快，对土壤的冲刷侵蚀力越强；坡面越长，汇集地表径流量越多，冲刷力也越强，极易形成大规模的侵蚀。

3. 降水

黄土高原地区具有降水集中、强度大、暴雨多的特点。黄土高原年降水量一般在 400～600mm，但分布极不均匀，主要集中在 7～9 月，占全年降水的 60%～75%。据测定，每次暴雨产生的侵蚀量一般在 750t/km^2，可占全年侵蚀量的 40%，甚至高达 90%。暴雨侵蚀次数占侵蚀性降水次数的 70%以上。因此，暴雨形成的径流是黄土高原土壤侵蚀不断发展的主要动力因素（王培龙，2013）。

4. 新构造运动的影响

新构造运动对黄土高原土壤侵蚀的影响，可以分为直接作用（地震）和间接作用（地壳抬升）两种侵蚀基面变化。黄土的结构疏松，黄土层垂直节理发育，地震引起的滑塌和崩塌现象普遍，地壳抬升引起侵蚀基面变化，从而引起地形能量变化，这是新构造运动影响土壤侵蚀的主要方式。

（二）侵蚀型土地退化形成的人为因素

毁林开荒、陡坡开荒及过度放牧，本质是破坏地表植被。耕作时翻动土壤使土壤变得疏松，降低土壤的强度与抗蚀性。破坏植被会使地表直接受到侵蚀，不利于恢复局地的生态环境，导致生态系统变得脆弱；在具有一定坡度的地方开垦种植，被翻松的土壤抗蚀性会降低，在暴雨期流水侵蚀的作用下会连带作物一起发生位移。此外，过度放牧及不合理的耕作方式也会改变土壤的团粒结构，继而改变土壤本身的属性，降低土壤的抗蚀能力。工程上的矿渣等杂质会加剧水流对土体的侵蚀，并对生态环境带来严重危害。

三、侵蚀型土地退化防治技术模式

（一）治沟造地

治沟造地是黄土高原侵蚀型土地退化防治的一项重要措施，以小流域为单元，通过闸沟造地、打坝修渠、垫沟覆土等主要措施，实行坝渠配套，层层设防。做到治沟造地与生态建设、耕地保护、水资源高效利用相结合（图6-4）。

（1）治理沟壑：该技术的关键是对沟壑进行整治和修复，包括挖掘、填平、石块固定等措施，以减少水流冲刷和沟壑扩大。治理沟壑可以降低水流速度，减小水流的冲击力，从而有助于控制水土流失。

图 6-4　治沟造地

（2）造地平整：在治理沟壑的基础上，将原本的坡地转变为平整的耕地。通过填土、平整地表等手段，降低土壤流失的风险，提供更稳定的耕作环境。

（3）植被恢复：在治沟造地的过程中，注重植被的恢复和保护也是关键。通过引入植被，如草本植物和灌木，可以稳定土壤，增强土壤的保持力，降低水土流失的风险，同时提供生态系统服务。

（4）水保措施：建设梯田、挖掘沟渠、设置拦蓄坝等，以减缓水流速度，分散水流能量，防止土壤侵蚀。

（二）小流域综合治理模式

以沟道小流域为单元进行侵蚀型土地退化防治，是一种综合性的治理方法，涵盖了多种技术措施，旨在保护土壤、减少水土流失、促进生态恢复。

（1）植被恢复与植被覆盖：通过引入适宜的植被，如草本植物、灌木等，可以在沟道小流域内形成稳定的植被覆盖，有效减缓水流速度，稳定土壤表面，减少水土流失。植被的根系能够固定土壤，防止水土流失。

（2）构建沟道治理工程：在沟道和坡地交界处开展沟道治理工程，如沟道坝、沟谷道等，以阻止水流冲刷沟床，减少沟道侵蚀。

（3）水保措施：包括修建防护坝、挖掘沟渠等，减缓水流速度，将水流分散，防止集中冲击，减少水流对土壤的冲刷。

（4）梯田耕作：将坡地划分为一系列梯田，通过梯田的阶梯状布局，减缓水流速度，增加水流停留时间，有利于土壤保持。

（5）护坡措施：设置护坡结构，如石垒、草垫等，可以有效减少坡面的侵蚀，稳定坡地，减少水土流失。

（6）土地覆盖管理：在农田休耕期间，采用秸秆覆盖、植物秸秆还田等措施，减少土壤暴露，降低风蚀和水蚀风险。

（7）草坪建设：在坡地等易发生侵蚀型土地退化的区域建设草坪，草坪的茂密植被能够有效地防止水土流失，稳定土壤。

（8）水土保持林带：沿坡地、沟道等关键位置建设水土保持林带，阻止水流和风力对土壤的侵蚀，实现生态保护和水土保持的双重效益。

（三）固沟保塬技术

固沟保塬是在沟壑区域内采取一系列措施，以减缓水流速度、固定土壤颗粒、防止水土流失和土壤侵蚀的技术。

（1）沟道治理工程：在沟道中采取工程措施，如筑坝、挖沟、铺石、修坎等，减缓水流速度，分散水流能量，防止沟壑扩大和纵向侵蚀，从而减少水土流失。

（2）植被恢复和植被覆盖：在沟壑区域内种植抗侵蚀的本地植被，如草本植物、灌木等，形成自然的护坡植被，增强土壤的稳定性，减少风蚀和水蚀。

（3）护坡结构建设：在坡地上建设护坡结构，如石垒、草垫等，稳定坡面，防止坡面侵蚀和塌方。

（4）实施水保措施：在坡地等易发生侵蚀的地方，修建护坡、挖掘沟渠等，降低水流速度，分散水流能量，减少水土流失。

（5）沟道疏浚和排涝：定期对沟壑进行疏浚，清除淤积物，确保水流通畅，防止积水加剧侵蚀。

（6）土地整理和改良：采取梯田整地、开挖水沟等方式，调整地形，减小坡度，降低水流速度，防止侵蚀。

（7）耕作和种植管理：推广合理的耕作方式，如梯田耕作、轮作等，降低土壤的暴露程度。同时，采用有机肥料和绿色覆盖等方法，提高土壤保持能力，改善土壤质地。

（8）技术培训和宣传：组织当地居民参与技术培训，宣传土壤侵蚀的危害和防治技术，提高他们的环保意识和技术水平。

（9）监测与评估：建立监测体系，定期对防治效果进行评估，检查技术措施的实施效果，及时进行调整和改进。

（四）淤地坝建设

淤地坝是一种有效的侵蚀型土地退化防治技术，特别适用于黄土高原丘陵沟壑区等易于发生水土流失的地区。通过构筑坝体，阻挡水流，减缓水流速度，从而达到防治水土流失和侵蚀的目的。以下是淤地坝建设防治侵蚀型土地退化的主要内容。

（1）选址与规划：在易发生侵蚀型土地退化的沟壑、沟谷中选择合适的位置建设淤地坝。通过地形分析、考虑水流分布等，确定建设淤地坝的数量和位置，确保最大限度地拦截水流和防止土壤侵蚀。

（2）坝体材料选择：建设淤地坝需要选择适当的坝体材料，如草、土、石等，用以构筑坝体。草席、竹子等天然植物材料常用于坝体的构建，也可以采用适量的土石填筑。

（3）坝体构建：将选定的坝体材料逐层填筑在沟壑中，形成坝体。坝体的高度和宽度根据实际情况进行调整，既要保证防蚀效果，又要确保坝体的稳定性。

（4）垫层和过渡区设计：在坝体下游，需要设置垫层和过渡区，以减缓流速，防止水流冲刷。垫层可以采用草席、树枝等覆盖，形成防护层，过渡区则通过逐渐降低坡度来实现。

（5）护坡和植被：在淤地坝的坝体周围，可以种植抗侵蚀的本地植被，形成护坡植被带。这些植被有助于固定土壤颗粒，提高土壤稳定性，减少侵蚀。

（6）沟道治理：在淤地坝的上游和下游，可以进行沟道治理，修筑沟壑坝、挖掘沟渠等工程，以引导水流，增加阻挡力，减缓水流速度。

（7）定期维护：建设完成后，需要定期对淤地坝进行维护，清理沟渠和坝体，确保坝体的稳定性和防护效果。

（五）铺砂压田

将地深翻，施足基肥，耙平压实，然后均匀地铺上 4～5cm 厚的细砂，每亩用砂 25～30m³。如果种瓜菜，则挖窝施肥点种。如果种粮，则每隔 1.2m 开沟，沟宽 40cm，深 25cm（一铁锨深），铺砂宽 60cm，在砂上点种玉米两行，行距 30cm，株距 25cm。收获后免耕留茬任其腐烂，第二年在茬间点种玉米，间作豆类，收获后继续留茬免耕。第三年在砂行间三角点种玉米或高粱，收获后留茬免耕。至第四年，补种前按照作物株行距布点，重施基肥，然后铺砂点种。此时，第二年根茬地下部分已经腐烂，将地面外露根茬清除，上年根茬仍保留不动。第五年，在清除三茬根茬后，仍行点种玉米或高粱，间种豆类。至此，砂土已混合板结，即全部清除细砂。

由于地表覆盖了一层"砂被"，避免了雨点撞击土壤导致的土粒分散和表层板结，雨水沿砂层均匀下渗。同时横坡起垄有效截流，促进降水下渗，有效防止水土流失（图 6-5）。

图 6-5　铺砂压田

四、侵蚀型土地退化防治效益分析

1. 侵蚀型土地退化防治的经济效益

黄土高原地区人民在长期的生产生活过程中摸索和总结出了一套行之有效的生产手段和水土保持措施。多年生产实践证明，淤地坝具有拦泥蓄水、淤地造田、改善农业生产条件、发展地方经济、促进区域经济发展等多重效益。淤地坝建设对于调节洪水径流、减轻水患灾害、拦蓄沟道泥沙起着至关重要的作用。据黄土高原 7 省（自治区）实际调查，坝地粮食产量是一般梯田的 2～3 倍，是坡耕地的 6～10 倍。坝地多年平均亩产量 300kg，高的可达 700～800kg。

2. 侵蚀型土地退化防治的社会效益

侵蚀型土地退化防治提高了农田产量，增加了农民收入，改善了农村居民生活水平。同时，防治措施的实施创造了就业机会，促进了农村经济发展。此外，减轻了水灾、泥石流等灾害造成的损失，降低了恢复和维护成本。

3. 侵蚀型土地退化防治的生态效益

侵蚀型土地退化防治保护了土壤、水体和植被，减少了水土流失，维护了生态平衡。防治措施如植被恢复、梯田建设等，减少了生态系统退化，保护野生动植物的栖息地，维持生态多样性。此外，提高了水质、空气质量，减少河流淤积，降低洪涝和泥石流等灾害风险。

第三节　盐渍化型土地退化防治案例分析

土壤盐渍化既是涉及农业、土地、水资源的综合问题，也是典型的生态环境问题。盐碱地作为重要的土地资源，对于发展综合性农业和产业化农业有较大的潜力，其治理和改良意义重大。盐渍化型土地退化防治的关键是治水，传统方法沿用"淡水压盐、排水洗盐"，存在高耗水、高成本、占地多、高矿化度水排放等弊端，特别是在水资源短缺、生态环境脆弱地区较难应用。本节以陕西卤泊滩综合治理为例，介绍"改排为蓄、水地共处、生态和谐"模式，为盐渍化型土地退化防治提供借鉴。

一、盐渍化型土地退化区域概况

（一）盐渍化型土地退化区域地理位置

卤泊滩位于我国陕西省蒲城县和富平县境内，西起富平县桃园村，东至蒲城县史张村，北缘接胡家、下王、施家、明德、吴家寨、内府、思补、陈庄等乡村，南接东王、西吴、下刘、阎家、南坪、原仁、周家、赵家、姚吴、攀家、刘家、井家、水南、谷家等乡村。东西长约 30km，南北宽 1.5~7.0km，总面积 12.24 万亩。其中，蒲城县内 10.60 万亩，占全滩总面积的 86.6%；富平县内 1.64 万亩，占全滩总面积的 13.4%（李进，2010）。

（二）盐渍化型土地退化区域自然环境

1. 地形地貌

卤泊滩在中更新世时属三门湖的一部分，由于地壳构造作用，在下更新世末期，随着渭河的形成，卤阳湖分离；明朝末年，湖水逐渐渗没成滩，形成四周高中间低的槽形封闭式洼地，且西高东低，由西北向东南方向倾斜。洼地南缘与渭河三级阶地相接，洼地内地势开阔平缓，地面比降 1/500~1/1000。整个滩区分为东滩和西滩，西滩称"卤泊滩"，高程在 380~400m，高差 20m；东滩称"内府滩"，高程在 372.2~385.9m，高差 13.7m。滩区地形平坦，土层深厚，水利资源和光照资源丰富。由于卤泊滩自身地形特点，加之灌区引水灌溉和引洪漫淤工程的影响，滩区内排水沟道淤积，地下水位上升，土地盐渍化逐渐严重，滩区内土地长期荒芜，土地资源闲置。

2. 气候环境

卤泊滩属于半干旱大陆性气候，1991~2000 年观测资料表明，10 年间最大年降水量 662.0mm（1996 年），年最小年降水量 315.4mm（1997 年），年平均降年量 472.97mm。降水年内分布极不均匀，多集中在 7~9 月，占全年降水量的 49%，其他季节较干旱。干湿季节分明，干季长于湿季。尤其春季，多风少雨，蒸发量更大。全年蒸发量 1000~1300mm，是降水量的 2.0~2.3 倍。无霜期 225d，年平均气温 13.4℃，夏季最高气温 41.8℃，多年冬季最低气温−22～−10℃。年日照时数 2349.5～2472.0h，基本满足小麦、玉米、棉花等作物的生长需要（陕西省卤阳盐厂编志小组，1993）。

3. 土壤

卤泊滩地组成物质为第四纪松散堆积物，下部是含高盐分的河湖相沉积物，由古湖泊退化而成。卤泊滩土壤主要由中度盐土和重度盐化潮土组成，依不同的地形部位、地下水深度、水浸程度，分为草甸盐土和沼泽盐土 2 个亚类。地下水位较低、处于半浸水状态的为草甸盐土；地下水位较高、处于全浸水或明水状态的为沼泽盐土。另有苏打盐土呈斑状分布于滩内。盐化潮土主要分布在卤泊滩外围和滩内积盐较轻的地区。据西北农林科技大学测试中心 2001 年试区未开发土壤的检测数据显示，土壤有机质含量平均为 0.70%，全含盐量平均为 0.77%，pH 平均为 9.33。滩内水质属硫酸盐-氯化物型，矿化度最高可达 43g/L，pH 最高可达 10.1，为强碱性水，不能饮用或灌溉（韩霁昌，2004）。由于地势四周高、中间低，卤泊滩形成槽型封闭式洼地，洼地南缘和渭河三级阶地相接，洼地内开阔平缓，由西北向东南方向倾斜，土壤的盐碱程度各不相同。

（三）盐渍化型土地退化区域社会经济与人口

卤泊滩横跨陕西蒲城县和富平县，对两县的社会经济发展具有不可忽视的影响。蒲城县是陕西产粮第一大县，根据《蒲城县二〇二二年国民经济和社会发展统计公报》，2022 年蒲城县实现生产总值 251.03 亿元，其中，第一产业增加值 49.90亿元，第二产业增加值 103.87 亿元，第三产业增加值 97.26 亿元。城镇常住居民人均可支配收入 38972 元，农村常住居民人均可支配收入达到 16389 元。2022 年末全县总人口 76.18 万人。

富平县地处关中—天水经济区东翼，是陕西东大门建设的五个副中心城市之一。依据《富平年鉴 2022》统计，2021 年全县实现生产总值 214.66 亿元，其中第一产业完成 51.17 亿元，第二产业完成 82.19 亿元，第三产业完成 81.31 亿元，三产比为 23.8：38.3：37.9。2021 年末全县人口 78.58 万人，常住人口城镇化率为44.98%。

二、盐渍化型土地退化驱动因素分析

卤泊滩土地盐渍化主要因土壤母质、气候、地质、地下水、地形、水文地质等自然地理因素综合作用而成（韩霁昌，2009）。分析总结卤泊滩土壤盐渍化成因，主要有以下四个方面。

1. 土壤母质黏重，含盐量大

卤泊滩在渭河形成时期已存在，由于新构造运动与气候变化，湖水时有时无，蒸发浓缩，形成咸水湖，沉积形成含盐地层。据卤泊滩钻探资料，60～100m 土层内含盐量较高，土壤易溶盐含量达 1%～2%，这也是土壤盐渍化的主要来源。

2. 气候干旱，蒸发量大

该区域降水少，且时空分布不均，干湿季节分明，干季长于湿季。年平均降水量为 472.97mm，且 7～9 月降水量占总降水量的 49%，其他季节较干旱。春季多风少雨，蒸发量大。

3. 地下水位上升，地形低洼易积盐

卤泊滩地势低洼、排水不畅，承泄北边与西边洪水，降水灌溉重叠入渗，盐分随水流汇集于洼地，导致地下水位迅速上升。加之强烈的蒸发作用，底土或地下水中的盐分聚集于地表，形成盐渍土，造成土壤积盐。高矿化度水位常年保持在临界深度之上，作物难以生长。

4. 潜水埋藏浅，水文地质差

卤泊滩地下潜水流向基本与地形一致，由西北流向东南，埋藏深度逐渐递减，潜水面平缓、比降小，内部径流差，渗透系数小，为每昼夜 0.06～3.23m，潜水埋深随地形不同而有差异（韩霁昌，2004）。由于地层发生断裂，深层的高矿化度承压水涌至地面；加之洼地是古咸水湖，地下水位较浅，强烈的蒸发作用使地下水浓缩，在接受黄土台塬、山前洪积扇的地下径流后，淋溶、搬运、水化学交替作用使矿化作用由弱变强。

三、盐渍化型土地退化防治技术模式

（一）盐渍化型土地退化防治技术

项目依据"改排为蓄、水地共处、和谐生态"的治理模式，采取工程、生物、农业、化学等综合技术治理卤泊滩盐渍化土体（韩霁昌等，2009a，2009b）。科学规划、合理布置，蓄排结合、工程调控，水地共处、动态平衡，综合治理、和谐生态。挖沟排水，降低地下水位，改变水土布局，动态分布水土数量，自适应调节水土各自占有量；依据水土的动态变化，改变土壤中盐碱成分的分布；依靠小范围内的微循环加速水盐交换，改良耕地，区域内水土相宜共存；随着气候、地

下水位等的自然变化，减少人为干预，系统和谐变化，动态平衡，自我修复；不向区域外排水，涝时不排而蓄，旱时自然降低地下水位，自身调节保证生态逐步改善。

1. 科学规划、合理布置

依据集中连片和先规划后开发原则，按照建设高产、稳产农田（田、渠、沟、路、林、电六配套）的工程标准，结合主体工程，合理布置水利和道路等配套工程。

2. 蓄排结合、工程调控

以"区域系统内部水量动态平衡、单元农田间控制排水"为目标，按照单元田块间蓄水沟内蓄水和排水结合的思路，通过工程控制单元田块间蓄水沟系中明水水位，以此调控田块土壤内的地下水位，进而保证土壤水盐运移的方向及土壤-水体之间界面的水盐运移平衡。减少土壤排水，保证农田土壤的湿润率，将水位控制在一定的埋藏深度，进而保证作物成长过程中的根系需水量；在蓄水沟网形成明水水面，种植芦苇等耐碱植物和养殖鱼类等吸碱水生动物，营造水体，改善生存环境。当蓄水沟网水位过高时，将水排至下游的蓄水支沟和干沟，水量在区域内动态平衡。

3. 水地共处、动态平衡

卤泊滩通过蓄水沟系蓄水，构建连通的网状水系，在蓄水沟内种养耐碱植物和水生动物，实现水体生态系统和土地生态系统的相间共处，通过工程调控蓄水面水位和田块土壤内地下水位，实现盐分在土壤-水体-生物内部及界面迁移转化，达到从土壤中排碱降碱的目的。

4. 综合治理、和谐生态

坚持"以农业发展为主要目标，田、林、路、旱、涝、碱、薄综合治理"的原则，建立包括工程、生物、农业、化学等盐碱地治理的综合技术措施体系，坚持渠直、路端、树成行，蓄水沟相通构成网状水系，在总体布局的基础上进行综合治理。通过水面和土地的相间共处，使水盐在土壤-水体-生物间迁移转化，实现自我排碱降碱，同时通过农沟蓄水，实现盐分的扩散和转移，从而改变盐分的分布，降低耕作层的含盐量，保证作物的正常生长。通过丰枯年份或季节的水土资源的动态转换，保持一定的水体，逐步恢复生态系统的物种多样性。在水与土和谐共处的同时，改善区域气候、水文等自然环境，修复退化的盐碱地生态系统，实现社会效益、生态效益和经济效益的结合和统一，在多方和谐中，最终实现卤泊滩地区"生物-环境"的生态系统和谐。

（二）盐渍化型土地退化防治工程

1. 土地平整工程

根据不同区域的土壤质量情况，结合原有地形地势特征与路渠布置，以田面水平、土方平衡、方量最小原则，因地制宜地划分田块，且满足耕作及灌排要求，保证田块耕作层厚度达到 20cm 以上。工程实施工艺流程：施工准备→熟悉设计图纸→按地块设计高程测量放样→田间施工便道布置→机械进场→平整地块→复核平整后的地块高程→交工验收。

2. 主体工程

1）土体物理重构

利用盐碱地综合治理"以蓄为主"网格化工程设计方法，计算区域水量平衡，优化水地比例，合理布置蓄水沟网，确定蓄水沟水深 2m、沟距 120m（图 6-6）。依据农耕基本要求，确定标准田块面积为每块 60 亩，长度为 400m，宽度为 100m（韩霁昌，2009）。遵循区域内蓄水对外不排水、内部水量动态平衡、从高到低排涝不排渍的原则，通过抬高各级湖水口控制单元田块间蓄水沟系统中蓄水水位，保持沟内长期有水，以此调控田块土壤内的地下水位，进而保证土壤水盐运移的方向及土壤与水体之间水盐扩散交换（图 6-7）。

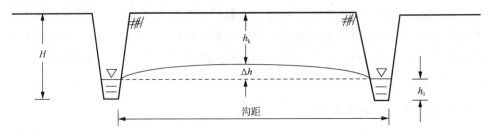

图 6-6　蓄水沟的深度设计示意图

H 为蓄水沟深度；h_k 为地下水临界深度；Δh 为地下水稳定水头差；h_0 为蓄水沟水深

在工程进一步实施的基础上进行土体操平，以便于田间机械作业，避免田面局部积水，消除盐分富集的地形条件（路浩等，2004）。此外，通过土地深翻工程，改变土体物理性状，完成土体耕作层的土体重构，调节土体容重、孔隙度等特性，使得盐碱地更适宜耕作（胡雅等，2019）。

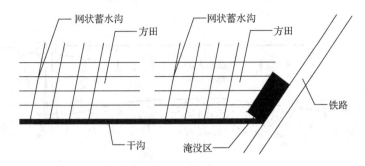

图 6-7 卤泊滩水土资源动态平衡示意图

2）土体化学重构

水体与相邻土体扩散方向和扩散程度与土体及水体中含盐量密切相关。蓄水沟水位上升，水体中含盐量降低，相邻地块土体与沟内水体盐分发生扩散；蓄水沟水分蒸发时，水位下降，含盐量升高，大于土体饱和层含盐量，则向土体扩散，盐分扩散至蓄水沟底部和土体深部饱和层。降水或灌溉时，农田土壤中盐分随水淋洗到蓄水沟和土壤深层（图 6-8）；蓄水沟补水时，水位升高，沟内盐碱浓度降低，沟内水体与土壤之间存在浓度差，土壤盐分运移至蓄水沟内，沟内含盐量逐渐增大；由于蒸发，蓄水沟水位降低，含盐量升高，沟内盐分向土壤深层饱和层扩散（图 6-9）。随着降水蒸发、灌溉退水、地下水位等条件改变，蓄水沟水位多次交替变化，在水位动态变化驱动下，实现循环垂直压盐。

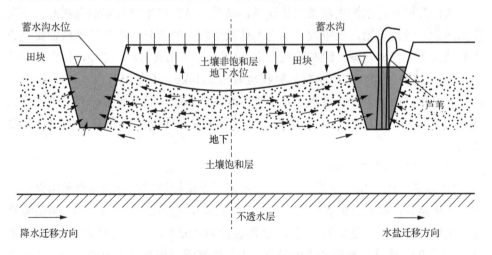

图 6-8 降水或灌溉时土壤盐分迁移示意图

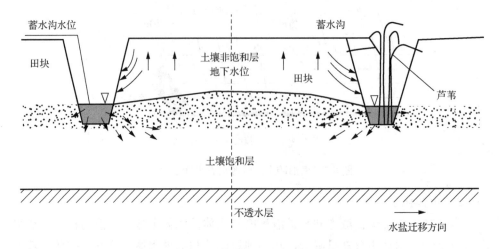

图 6-9 少蓄水、高浓度时土壤盐分迁移示意图

3）土体生物重构

在网状蓄水沟内种养耐碱植物和水生动物，实现水体生态系统和土地生态系统的相间共处（胡雅等，2019）。在蓄水沟内长期种植作物，可以逐渐减少土壤耕作层盐分。此外，蓄水沟内生物和植物的改碱或吸盐，沟底腐殖质生化反应中和盐碱等，可实现盐分在土体-水体-生物内部及界面之间的迁移转化，达到排碱降碱的目的。

卤泊滩网状蓄水沟内芦苇生长茂盛，鸟类、鱼类等生物常年栖息在此。芦苇作为耐盐、吸盐植物，能吸收蓄水沟水体及土壤中的盐分，芦苇等动植物腐烂成为腐殖质还能中和盐碱。经实验室测定，100g 干芦苇含盐约 8.24g，每亩产干芦苇 57kg，试验区 450 亩芦苇每年吸收盐碱约 2114kg，五年可吸收 1.06t。同时，治理区常年（或季节性）蓄水沟是小型湿地生态系统，具有蓄水、调节地下水、净化碱水、调节区域小气候等功能，对治理区生态环境改善和综合治理有重要作用。

4）土体生物营养保障

"治水是基础，培肥是根本"，土壤瘠薄是土壤板结和返盐的重要原因之一。由于多年撂荒，耕层有机质含量低，严重缺氮缺磷（董振国等，1995）。卤泊滩耕层土壤曾经有机质含量仅为 0.82%，全氮含量为 0.027%，全磷含量为 0.0574%（韩霁昌，2009）。增施有机肥和氮磷钾肥，不仅能够满足作物对养分的需要，还可以增加土壤中有机质，改良土壤结构，改变土壤中固相、液相、气相三者之间的比例关系，增加孔隙度，提高土壤保水、保肥能力，使地表水入渗和水盐下行量增加，水分蒸发和表层返盐量下降。盐碱地作物施肥以有机肥为主，以减少化学肥料造成的离子负担，必须施用化肥时应尽量施用生理酸性肥料。农田表层大量撒施作物秸秆和各种有机肥，不仅能起到覆盖的作用，而且可以改善土壤耕层的理化性质，土壤中水热状况也可得到明显改善，为作物发芽、生长创造较好的土壤环境。

3. 配套工程

1）灌溉与排水工程

卤泊滩盐碱治理灌溉设施主要有渠道工程和渠系建筑物施工，排水工程主要是排碱沟。灌溉设施实施工艺流程：施工准备→定位放线→渠基开挖及回填处理→砂垫层铺筑→U 形渠铺设及接缝处理→压顶砼浇筑→养护→渠道检验交工验收。

2）道路工程

田间道路工程按照田间路和生产路两级布置，以方便农业机械化操作。施工流程：施工准备→测量放线→路基处理→路基碾压→面层铺设→碾压→路边修正。道路布置与田、村、渠、沟等布局相协调，田间路路宽取 4~4.5m，路面以混凝土路面和泥结石路面为主，生产路路宽 2.0~2.5m，路面为土质路面。道路因地制宜，最大纵坡宜为 8%，最小纵坡以满足雨雪水排除要求为准，取 0.4%。

3）农田防护与生态环境保护工程

根据当地气候、土壤条件，同时考虑当时的植树造林经验，树种选用耐盐碱的梧桐等。农田防护工程主要是在各级道路两侧及排碱沟两侧植树，工艺流程为挖坑→浇水→栽树→浇水→覆土。树坑大小为 100cm×100cm×100cm，树坑挖好后，先浇水渗坑，然后用没有盐碱成分的干土回填并浇水浇透，使树苗迅速扎根，保证树苗的存活率。随后，在地表覆干土，防止水分蒸发。

四、盐渍化型土地退化防治效益分析

1. 盐渍化型土地退化防治的经济效益

采用"改排为蓄、水地共处、和谐生态"模式治理卤泊滩盐渍化土地，显著提高了农作物产量。一般在干旱年份，抬高的地下水位对作物进行部分渗灌，可以减少农田排水 50%左右，从而使作物增产；在湿润年作用不大，因为蓄水沟的水位一直控制在一定高度，对农作物的影响不明显（图 6-10）。相比传统排水洗盐模式，本模式不考虑外排水，总体工程成本降低 30%~40%。

　　　（a）整治前原貌　　　　　　　　　（b）整治后马铃薯田

图 6-10　卤泊滩整治前后实景

2. 盐渍化型土地退化防治的社会效益

　　卤泊滩试区已经建成高质量农田生态系统，人均收入及粮食亩产量等指标标志着该区域完成了农业农村发展战略阶段，步入综合农业阶段。促进治理区节约用水，本模式通过集水蓄水减少了田间的排水量，直接减少灌溉用水量，如种植棉花可减少用水量 20% 以上，水稻可节水 30%～40%。此外，蓄水模式下，灌溉频次减少，直接为农民减少灌溉支出、节约时间、节省劳动力。

3. 盐渍化型土地退化防治的生态效益

　　卤泊滩综合治理改变了传统的思想，运用生态恢复原理，着眼于盐碱环境，研究水盐运移平衡规律，合理规划集水排水系统，实现水土资源的动态配置，恢复了生物的多样性和环境良性变化，变不利因素为有利条件，跳出了盐碱地治理开发的"怪圈"，促进了盐碱地区农业和生态持续健康发展。工程区域内减少了排水，不向区域外排水，从而减少了氮、磷等污染物排放到河流、湖泊等水体，减小下游发生水体富营养化和造成生态破坏的可能性。

第四节　贫瘠化型土地退化防治案例分析

　　黄土高原丘陵沟壑区的土壤贫瘠问题对当地农业、生态和社会经济造成了严重的危害。土壤贫瘠限制了农作物的生长和产量，导致农业生产受限，农民难以获得稳定的农产品收益，影响当地可持续发展。贫瘠的土壤易发生水土流失，沟壑纵横，造成土地的严重退化，减少土地的可利用面积，甚至引发严重的土地荒漠化。此外，土壤贫瘠导致植被稀疏，生态环境失衡，生物多样性减少，破坏了当地生态系统的平衡和稳定性。在面对这些危害的背景下，采取有效的防治措施具有重要的意义。例如，科学施肥和土壤改良可以提升土壤的养分含量和有机质含量，改良土壤质地，促进农作物的生长，从而增加农产品产量，提高农民的收入水平。此外，实施水土保持措施，如植被恢复、建设沟壑治理工程，可以有效减缓水土流失，保护土壤资源，维护地区的生态平衡。通过推动生态恢复和生态修复，可以提高地区的生态质量，增强土壤的肥力和生态功能，为地区的可持续发展创造良好的环境条件。防治黄土高原丘陵沟壑区贫瘠化型土地退化不仅有助于提升农业产量和农民收入，还能保护生态环境、改善社会经济状况，为地区的可持续发展开辟出更加稳健的道路。本节以宝塔区"治沟造地"为例，为黄土高原丘陵沟壑区贫瘠化型土地退化防治方面提供新思路和新方法。

一、贫瘠化型土地退化区域概况

（一）贫瘠化型土地退化区域地理位置

宝塔区位于延安市中部，地理位置为 36°10′33″N～37°2′5″N、109°14′10″E～110°50′43″E。东与延长县毗邻，西与安塞区接壤，南接甘泉县、宜川县、富县，北靠延川县、子长市。东西宽 76km，南北长 96km，区域面积 3556km²。

（二）贫瘠化型土地退化区域自然环境

1. 地形地貌

宝塔区为陕北黄土高原丘陵沟壑区，属华北陆台鄂尔多斯地台的一部分。地层以中生代和新生代为主，中生代地层包括三叠纪、侏罗纪和白垩纪砂岩、页岩和泥岩，以侏罗纪砂页岩分布最广，新生代地层以晚第三纪红土和第四纪黄土为主，黄土广泛分布于全区域内，一般厚度 10～100m。沟谷及坡面时有第三纪红土和中生代基岩出露。中生代及新生代晚第三纪红土形成的古地形是现代地貌形成的基础，经中更新世地壳的强烈抬升，形成海拔 900～1500m 的古黄土高原。第四纪新老黄土广泛堆积，经长期水蚀和其他外营力的剥蚀，发展成今天的黄土丘陵沟壑地貌，具有沟壑纵横、地形破碎的特点。

2. 气候环境

宝塔区属于高原大陆性暖温带半干旱气候，年平均气温 7.7～10.6℃，年降水量 450～650mm，无霜期北部 155d，南部 188d。项目区土壤主要为灰褐土，质地为轻壤或中壤，上不密实，土壤养分含量高，水分条件好。区内川道耕地土壤以淤土为主。

3. 水文环境

宝塔区地表水资源总量约为 1.12 亿 m³，水质属微碱性软水或适度硬水，总硬度 74～177 德国度，pH 在 7.5～8.8，含盐量为 491～1333mg/L，矿化度为 0.4～1.5g/L，硫酸根离子含量为 45～958mg/L，氯离子含量为每升 22.4～127.5mg/L；地下水资源总量为 3428.3 万 m³。区内 25m 以内浅层地下水水质，中性偏碱，pH 为 7.2～8.4，矿化度为 0.5～4g/L；深度在 25～40m 时，矿化度提高，高达 31.06g/L；地下水深度增加，总硬度提高，达 99.5 德国度。

二、贫瘠化型土地退化驱动因素分析

黄土高原丘陵沟壑区土壤贫瘠的驱动因素是一个复杂的问题，涉及地质、气候、人为等多个因素的综合影响。

1. 贫瘠化型土地退化形成的地质因素

土壤母质物质贫瘠。黄土高原地区的母质多为风化的黄土，含有少量有机质和养分，因此土壤的养分含量本身相对较低。另外，黄土中黏土颗粒较少，难以保持水分和养分，影响土壤肥力。

2. 贫瘠化型土地退化形成的气候因素

该地区气候干旱，降水相对较少，水分供应不足，限制了植物的生长和养分的释放。另外，高原地区的蒸发速率较快，导致水分快速蒸发，土壤中的养分易被淋湿。

3. 贫瘠化型土地退化形成的人为因素

过度耕作、轮作不当等不良耕作方式会导致土壤侵蚀、养分流失，加速土壤贫瘠化；过度放牧导致植被破坏，土壤暴露，增加风蚀和水蚀，造成土壤贫瘠；地区植被覆盖度较低，植物根系无法有效固土保水，容易发生水蚀和风蚀；缺乏植被覆盖和保护，地表裸露，容易受到侵蚀和风蚀，土壤层被剥蚀，造成养分丧失。

三、贫瘠化型土地退化防治技术模式

（一）土地平整工程

以渠（干渠、斗渠）、路（田间路、生产路）为骨架，划定方块，每方（田块）

面积一般 0.15hm² 左右，采用方格网法确定田面平均高程；田块性状以便于机耕和村民生产为标准，长度一般为 150m，宽度 10m；田块长度方向沿等高线布置，田面比降为 0.021～0.067；覆土厚度 0.6～1.5m。

（二）灌溉工程

1. 水源工程

依据项目区相关地形及实地考察资料，在阳弯沟土地整治区内天然河道上游修建蓄水池一座，水量可满足区内的灌溉量。在九龙泉沟土地整治区末端 300m 处区域内河道上游修建蓄水池一座，拦蓄上游河道来水，水量充足，可满足区内灌溉需水量。

2. 明渠输水工程

（1）干渠布置。九龙泉沟土地整治区干渠位于项目区内，从沿河道新建的蓄水池引水，渠道总长度 9.1km，控制灌溉面积 114.32hm²，渠道采用 U 形混凝土衬砌断面。

（2）斗渠布置。斗渠依据项目区地形及当地耕作习惯布设，方向垂直于干渠，间距一般为 10～18m。控制灌溉面积一般为 3.33～10hm²。九龙泉沟土地整治区干渠共布置斗渠 23 条（庞喆，2018b）。

（3）干渠流量及断面。新修干渠采用 U 型混凝土衬砌断面。斗渠实行灌输，依据斗渠布置状况及控制灌溉面积的大小，每条干渠划分为两个斗渠输灌组。

（4）渠道防渗设计。新修干渠及斗渠采用 U 型混凝土衬砌。干渠利用原渠道的渠段，采用与原渠道相同的衬砌形式。结合陕西省大中型灌区 U 型渠道混凝土衬砌经验，干渠混凝土伸缩缝间距取 4m，斗渠伸缩缝间距取 3m，伸缩缝形式视混凝土浇筑方式确定。

（5）主要渠道建筑物设计。①分水闸和节制闸。为方便配水，在干渠引水口（斗渠进水口）设置分水闸和节制闸，在斗渠口（引渠进水口）设置简易引水口。当斗渠比较陡时，在斗渠引水口下游设置节制闸，节制闸的中心线与渠道中心线一致。②跌水。干渠和斗渠经过陡峻的地段，一律采用陡坡式跌水。陡坡段布设在挖方地段。陡坡轴线与渠道轴线一致，进口、出口设连接段，连接段底部边线与渠道中心线的夹角不大于 45°。③桥涵。干渠和斗渠穿越的田间路、生产路采用涵管。涵管轴线与道路正交，进口、出口应与上游、下游渠道有一定长度的轴线重合。

（三）土壤耕作层有机重构

1. 耕作层质地重构

土体的质地是耕作层的骨架结构，是构建耕作层的原材料，土体的质地（粒径级配）不同，对土体的物理、化学、力学性质的影响不同。因此，在高标准农业用地建设中，质地（粒径级配）的重构十分重要。耕作层过砂则不利于保水保肥，过黏则会导致水汽交换不畅。针对耕作层土壤过砂或过黏，可采用"泥入砂、砂掺泥"的办法，来调整耕作层的泥沙比例，以达到改良质地、改善耕性、提高肥力的目的。如砂土表层下不深处有淤泥层，黏土表层下不深处有砂土层，可采用深翻或"大揭盖"将砂土层、黏土层翻至表层，经耕、耙使上下砂黏掺混，改变其土质。另外，通过施加土壤结构改良剂，或利用植物残体、泥炭、粉煤灰等材料改善土壤团粒结构，也可进行耕作层质地重构。例如，砒砂岩与沙复配成土技术就是利用了两者互补的特性，复配从而达到重构土体质地的目的。

2. 耕作层剖面重构

土体剖面构型改良实质为采用工程手段构建适宜作物生长及人类居住的良好剖面构型，提高土体环境质量，增强土体协调水、肥、气、热能力，提升土地质量。耕作层剖面重构，一是要确定耕作层有效土层厚度，即植物根系可以生长且土体养分和水分可以运移的层次或层级最小厚度；二是要确定适宜的容重梯度水平，一般以构建上松下紧，对土壤水、肥、气、热状况调节较好，适宜作物生长的"蒙金土"为宜。可通过深翻、客土法、分层压实技术等实现耕作层剖面的重构（韩霁昌，2016b）。

（四）生物营养保障技术

1. 测土配方施肥技术

测土配方施肥技术以土壤测试和肥料田间试验为基础，根据作物需肥规律、土壤供肥性能和肥料效应，在合理施用有机肥料的基础上，提出氮、磷、钾及中、微量元素等肥料的施用量、施肥时期和施肥方法。其核心是调节和解决作物需肥与土壤供肥之间的矛盾。

2. 有机肥施用技术

有机肥具有能明显地改良土壤、提高产品质量、减少作物病虫害等优势，不像化肥那样容易伤根死苗。有机肥施入土壤后，有机质能有效改善土壤理化状况和生物特性，熟化土壤，增强土壤的保肥供肥能力和缓冲能力，为作物的生长创造良好的土壤条件。

3. 秸秆还田技术

农作物秸秆还田技术（图 6-11）主要指机械化秸秆粉碎直接还田技术，以机械的方式将田间的农作物秸秆直接粉碎并抛撒于地表。

图 6-11　秸秆还田技术

4. 绿肥种植技术

绿肥是用作肥料的绿色植物体，是一种养分完全的生物肥源。种植绿肥不仅可以为作物提供养分，提高粮食产量，还能改良土壤，培肥地力（图 6-12）。无论如何配合施用化肥，都是在有限的元素间进行搭配，难以解决作物的所有要求，特别是对于土壤综合肥力的需求，而绿肥可以弥补这些不足。

图 6-12　绿肥种植技术

5. 深翻、轮作等其他技术

深翻改良土壤是通过翻耕深层土壤并分层施有机肥以改良土壤的技术措施，适用于土壤结构差、肥力低或有硬磐的耕地（图6-13）。它可以将一定深度的紧实土层变为疏松细碎的耕层，从而增加土壤孔隙度，以利于接纳和贮存雨水，促进土壤中潜在养分转化为有效养分和促使作物根系的伸展。轮作（倒茬）技术是在同一块田地上有顺序地在季节间或年间轮换种植不同作物或复种组合的一种植方式，是用地养地相结合的一种生物学措施。

图6-13　深翻技术

（五）道路工程

1. 田间路与生产路

田间路与生产路为二级道路。田间路与项目区原有干道垂直相接，生产路与田间路相接通往田块，为田间农业机械作业和人工作业服务。田间路与斗渠相间，生产路垂直田间路结合引渠布设。田间路面宽度取4.0m，生产路集中载荷100kg，道路宽度2.0m，桥涵15座。

2. 道路施工

道路施工按照放线→路基处理→面层顺序施工，确保路基压实系数、面层材料符合设计质量要求。控制道路坡度、转弯弯度，与现有道路顺畅连接。

（六）防护林工程

充分利用光热资源，沿渠道及生产路布设防护林带，沿田间路两侧栽植防护林，项目区共栽植树木5000棵。防护林栽植好要做基坑蓄水保墒，落实后续管护。

四、贫瘠化型土地退化防治效益分析

（一）贫瘠化型土地退化防治的经济效益

经实地调查，项目区水田因盐渍化严重而撂荒，整治前没有大面积种植作物的条件，而且年产量较低，因此认为本次整治前的经济效益是零。项目实施后，经济效益为耕地的作物产量，综合考虑市场需求状况和土地的适宜性，结合该地农业生产，农作物主要以种植玉米、油菜、马铃薯、谷类作物及其他蔬菜为主（表 6-4）。

表 6-4　收益概算表

作物	面积/hm²	单产/（kg/hm²）	总产/万 kg	总产值/万元
玉米	288.06	9000	17.28	22.30
蔬菜	24.44	30000	4.89	90.66
谷类	13.36	6750	0.60	164.40
合计	325.86	—	22.77	277.36

项目建设有力地促进了农村经济发展，对当地农民脱贫致富、全面建成小康社会起到积极作用。此外，工程建设极大地改善了当地生产条件，有效提升农业机械化、现代化程度，从而大大提高劳动生产效率，降低生产成本，间接经济效益十分可观。

（二）贫瘠化型土地退化防治的社会效益

通过沟道土地整治造田、改良土壤、植树造林和灌溉与排水工程建设，大面积改良了原来撂荒的土地，不仅增加了有效耕地面积，而且提高了耕地质量。同时，为土地集约利用和机械化作业奠定了基础。项目建成后，有效地提高了土地利用率，改善了农民生产、生活基本条件，有效安置解决了农村的剩余劳动力，促进了农村社会经济的发展，使经济效益、社会效益和生态效益同步发展，从而推动县域经济的可持续发展。

（三）贫瘠化型土地退化防治的生态效益

项目实施后，沿田间路两边栽植防护林带提高了区内植被覆盖度，对调节项目区小气候起到积极的作用。同时，通过对排水沟渠的治理完善及支毛沟道建设、修建谷坊，有效防止了水土流失，增强了土地抗灾能力，形成了生态环境和生物环境相互促进、相得益彰的良性循环，水土保持能力和粮食产量得到了提高，农民生活水平也将大幅提升。治沟造地重大土地整治工程整治前后对比见图 6-14。

　（a）治沟造地重大土地整治工程整治前　　　　　（b）治沟造地重大土地整治工程整治后

图 6-14　治沟造地重大土地整治工程整治前后对比

第五节　矿区土地污染防治案例分析

我国金属矿产资源丰富，共有大中型矿山 9000 多座，小型矿山 26 万座，因采矿侵占损毁土地面积已接近 4 万 km²，由此废弃的土地面积每年约有 330km²（李永庚等，2004）。主要是在矿业开采过程中，各种无序开采、非法开采、乱采滥挖，或资源枯竭矿山闭坑、企业破产、政策变更及重组等，导致了严重的矿区土壤污染问题。矿区土壤污染往往会引起河流或者地下水污染问题，造成流域内大面积的污染。矿区土壤污染一般分布在矿业活动频繁的地区。根据我国 2014 年《全国土壤污染调查公报》，调查的 70 个矿区的 1672 个土壤点位中，超标点位占 33.4%，主要污染物为镉、铅、砷和多环芳烃。有色金属矿区周边土壤镉、砷、铅等污染较为严重。本节以潼关金矿区土壤污染修复作为典型案例，对矿区重金属污染土壤修复进行解析。

一、矿区土地污染区域概况

（一）矿区土地污染地理位置

潼关县地处陕西省关中平原东端，位于秦、晋、豫三省交界处。东接河南灵宝市，西连陕西华阴市，南依秦岭与洛南县为邻，北濒黄河、渭河，与大荔县及山西省芮城县隔水相望，位于东经 110°09′32″～110°25′27″、北纬 34°23′33″～34°39′01″。南北长约 30km，东西宽约 22km，总面积 526km²。区域内交通便捷，陇海铁路横贯东西，同蒲铁路北连山西；310 国道由潼关县中部通过，西接华阴，东接河南；西潼高速公路沿潼关县北部穿过，北上山西，东进河南。

（二）矿区土地污染自然环境

1. 地形地貌

潼关县南部秦岭山区属太古界太华群，是吕梁运动以后形成的东西带状隆起。元古宙震旦纪发生地壳构造运动，地层挤压褶皱成山。喜马拉雅运动时，南沿发生断裂，北升南陷，形成寻马道地堑。新生代因受秦岭纬向构造体系和祁、吕、贺构造体系控制，构造运动两体系之间发生挤压、张扭、断陷，形成汾渭地堑。此外，受朝邑横向隆起影响，形成次一级的山前断陷（华阴—潼关断层）。潼阌山地因受南北两个地堑的挤压，强烈断折上升，出现了境内秦岭山地。第四纪以来的洪积和风积作用，促使山前断层以北成为黄土台原。台原北部经长期洪水冲刷形成黄渭河谷。潼关县地形南高北低，跌宕起伏，呈台阶状。海拔330～2000m，由南而北依次分为秦岭中-低山地基岩陡坡山地区、山前冲洪积斜塬区、黄土残塬沟壑区、黄河渭河冲积平原区、沟谷河漫滩冲积阶地五类地貌区。

2. 气候环境

研究区属暖温带大陆性季风半湿润—湿润气候区，气候寒冷，干旱少雨。春冬两季气温日差较大，多风、霜等天气。夏季降水多，雨量集中，并伴有大风。秋季多连阴雨。年平均气温为26.1℃，最高气温为42.7℃，最低气温为-18.20℃。年平均降水量587.4mm，蒸发量1193.6mm。年最大降水量958.6mm（1966年），年最小降水量319.1mm（1997年），南北差异明显，由北向南雨量递减。冬季（12月、1月、2月）干旱少雨，降水量21.6～25.0mm；夏季（7月、8月、9月）湿润多雨，降水量225.6～390.8mm。日最大降水量113.4mm（1985年7月24日），日降水量在100mm以上为十年一遇，日降水量在50mm以上平均两年一遇。最大降水量出现在7月、8月、9月这三个月，占全年降水量的76.19%。

3. 水文环境

研究区地表水主要为黄河水系。黄河在潼关县秦东镇东折，流经潼关县进入河南省灵宝市境内。区内河面宽度平均2km，水域面积11.7km²，平均流速4.24m/s，最大流速5.62m/s，最大流量118000m³/s。

潼关县境内黄河的较大支流有渭河治理区涉及水系、双桥河和潼河。渭河由潼关县西北部小泉村西入境，至港口汇入黄河，境内流程17km，河面宽80～600m，水域面积2.678km²，流速2～6m/s，最大流量7600m³/s，最小流量0.9m³/s，最大含沙量905kg/m³。治理区境内渭河的主要支流有列斜沟和磨沟河。双桥河是汇入黄河的另一条规模较大的支流，在河南灵宝市鸡子岭汇入黄河。该水系由西峪、东桐峪、善车峪、太峪、麻峪 5 条山区河流汇集而成,长度 19.50km,汇水面积 171.64km²,平均年径流量 3767 万 m³。潼河由晋沟河、潼峪汇成,长度 24.1km,汇水面积 115.42km²,年径流量 3899.2 万 m³,在原港口镇流入黄河。

二、矿区土地污染驱动因素分析

小秦岭金矿是我国第二大黄金产区,主要开采石英脉型金矿,以盛产黄金闻名于世。主要金属矿物为黄铁矿、黄铜矿、闪锌矿、方铅矿等,主要伴生元素为 Cu、Zn 和 Pb(史蕊等,2011)。黄金工业作为潼关县的经济支柱产业,曾一度占有全县 70%以上的财政收入,过去由于无序开采,在博得"华夏金城"美誉的同时金矿区生态环境已满目疮痍。潼关黄金工业类型多属岩金型,由于形成过程特殊,这类矿床往往伴生有大量金属硫化物矿物,如黄铁矿、毒砂、辉锑矿等。历史上潼关金矿区黄金提炼多采用混汞法、氰化法等选矿技术,由于提金选矿技术工艺落后,尾矿渣未经处理,含有多种重金属元素。大量尾矿废渣随意堆放在田间地头、河道两侧、村前屋后,受大风扬尘、降水淋溶和河水搬运等多种作用,不仅造成了环境污染,还危害着人畜健康。再加上矿坑废水、选厂尾矿浆排放,导致潼关金矿区内 7 条河流中氰化物和重金属 Hg、Pb、Cd、Cr 严重超标。

基于以上背景,拟采用对土体进行物理和生物重构的方式,消除重金属污染及地质灾害频发的现状。

三、矿区土地污染防治技术模式——空间隔离法

重金属污染修复治理技术繁多,包括物理、化学、生物等多项修复手段。矿区复合污染修复应针对当地实际,因地制宜选择修复技术,才能取得最佳的修复效果。矿区受矿产类型、选矿及采矿工艺的影响,污染类型多为多个重金属复合污染,靠生物修复技术短期内难以达到效果,化学修复技术成本较高,且难以有效治理复合污染土壤,而且土壤中的重金属会随着地下水的流动而迁移,随之而来的就是地下水重金属污染和地表水重金属污染。由于难以治理,或者治理时间较长,结合项目实际情况,陕西地建土地工程技术研究院有限责任公司经过大量实验研究,决定选用物理隔离法,铺设有害物质含量极低、渗透系数小、廉价易得的几个材料配制而成的四合土,构建隔离垫层,起到隔水、化学稳定的作用,有效阻隔污染物质沿土壤垂向上升迁移(蔡苗等,2016)。之后,在隔离层上方铺设黄土以满足农作物的正常生长。

(一)矿区土体物理重构

项目土地修复主体工程的主要工艺环节包括场地清理、铺设隔离层,再进行土体重构和耕作层再造,即在隔离层上铺设一定厚度净土层和覆盖耕作层。

1. 场地清理

场地清理主要包括岸边场地矿渣的清理与平整、河道清理

1）岸边场地矿渣清理与平整

对治理区内堆渣体进行地面整平，整平高度距河堤顶面 0.7m，预留 0.7m 覆盖耕植土。用推土机推平堆渣，填坑时需要对底部进行适当压实，以免后期沉降造成积水区；顶层不夯实，避免过分密实的土壤使苗木的根茎无法灌入。堆渣体整平过程中，距河堤较近时尽量用小型机械推土，防止大型机械作业对河堤造成新的破坏。

2）河道清理

对拟设两道的河堤之间设计沟道整平线以上的河床进行清理，设计沟道整平线与河堤墙趾相平。河道清淤的砂土不许外运，直接用于两侧场地的整平填土。

3）质量控制

对项目区域内的选矿废渣进行清理、平整和压实处理。

对项目区内选矿废渣和堆积的尾矿等进行清理外运，并对清理后的区域进行平整、压实。

填坑时，底部需要适当压实，压实系数应不低于为 0.95。场地整体坡度应随地形调整，一般要求不超过 5%，较陡地段可将场地平整成台阶形。

2. 铺设隔离层

在清理后的场地上平整铺设 10cm 厚四合土（黄土∶熟石灰∶坡缕石或活性炭）垫层，作为隔离层，隔离污染场地内的选矿废渣。综合考虑工程成本及隔离层的导水特性，以黄土∶熟石灰∶坡缕石或活性炭∶细沙构建隔离层，其最佳配比（体积比）为 5∶2∶1∶2 或 5∶1.5∶1.5∶2，隔离层压实容重为 1.7g/cm^3（胡雅，2020）。

黄土：采自项目区附近土场黄土母质发育的黄墡土，风干后过 2mm 筛备用。

熟石灰：主要成分为 $Ca(OH)_2$，风干后过 1mm 筛备用。

坡缕石或活性炭：粒径小于 0.5mm。

细沙：粒径在 0.10～0.25mm 的沙子风干后过 1mm 筛备用。

3. 铺设净土层

为了满足农作物基本生长的需求，在隔离层之上铺设一定厚度的黄土。经过大量实验，综合确定安全经济土层厚度不小于 40cm，压实度为 0.83 左右。因此，在隔离层上均匀铺设未经污染的 40cm 厚黄土为压实净土层（图 6-15）。

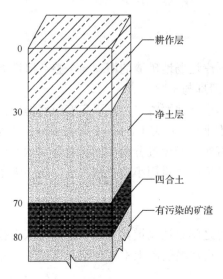

耕作层

净土层

四合土

有污染的矿渣

图 6-15　重构土层剖面结构示意图（单位：cm）

4. 铺设耕作层

在净土层上再均匀铺设用于耕植的厚 30cm 左右具有一定肥力水平的黄墙土作为耕作层。

（二）矿区土地利用及生物修复

项目区内堆渣场地分为堆渣区和氰化池分布区（面积 23155.6m², 合 34.7 亩）两类区域。经过覆土处理后，考虑到两者所在位置有害元素污染程度及危害性有差异（氰化池污染程度严重），分别采用不同的种植方案。

堆渣区种植方案：将堆渣场地整平隔离并覆土后，恢复为耕地，种植小麦、玉米、土豆等农作物。

氰化池分布区含有大量毒性大、容易迁移的物质，不适宜掩埋后进行农作物的种植。因此，可以将氰化池分布区的污染物就地掩埋后种植一些树木，以达到美化环境的目的。

（三）矿区主体工程施工

1. 施工流程

施工准备→高程测量放样→施工便道布置→机械进场→机械剥离矿渣表土→集中堆放矿渣、耕作层→平整→土体重构。

2. 施工方法

1）测量放样

根据设计单位提供的坐标控制点及水准测量点，确定平整开挖区域和填筑区域，根据测量结果和设计图纸进行土方平衡计算，制订合理的土方调度方案。

2）土方平整施工

考虑平整区域内的土方平衡，在推土机作业前，对于开挖区域内的树桩、树根、杂草、垃圾、废渣等有碍物，利用机械结合人工彻底清除。然后把表层原田面耕作土用推土机分两层推土剥离后，堆放在场内保存，局部高差较大处由铲运机铲运土方回填，尽量做到挖填同时进行，平整后高程符合设计要求。平整时应采取就近原则，挖取高于设计田面标高的土方回填至附近低于设计田面标高田块。

3）机械挖方

计划主要采用挖掘机挖除，开挖时按土和岩石层次，分层进行开挖。在石方开挖区注意施工排水，在纵向和横向形成坡面开挖面后进行固化，挖除到设计标高暂停施工，进行修整。挖除的土方根据土质情况运至填方段，不可利用的材料运至指定区域。

4）机械填方

配合运土车辆，挖掘机挖土装车后，运至填方施工现场卸土填筑，并做到分层碾压，确保土体稳定不塌陷。

5）河道疏浚的施工措施

①排水：在河道淤泥外侧挖一条排水沟，使水进入水槽；用土方堆在槽边形成土埝，使少量的河水通过水槽排水；疏导时分别自上而下或自下向上依次清理。②疏浚：施工区道路状况较差，不便于运土车辆通行，疏浚效率不高，因此考虑增加运输车辆和夜间施工。疏浚河道时，由挖掘机和汽车配合清运疏浚土石方。

6）废渣压实

①压实机械对废渣进行碾压时，一般以慢速效果最好，压实速度以2～4km/h最为适宜。碾压一段终了时，宜采用纵向退行方式继续第二遍碾压，不宜采用掉头方式，以免机械调头时搓挤土，使压实的土被翻松。②在整个全宽的填土上压实，宜纵向分行进行，直线段由两边向中间，曲线段宜由线的内侧向外侧（当曲线半径超过200m时，可以按直线段方式进行）。两行之间的接头一般应重叠1/4～1/3轮迹，对于三轮压路机，则应重叠后轮的1/2。纵向分段压好以后，进行第二段压实时，纵向接头处的碾压范围宜重叠1～2m，以确保接头处平顺过渡。

7）覆土工程

①材料准备。种植土：理化指标、生物毒性、有害物控制、土壤取样、送检、检测合格，土体结构疏松、通气，保水、保肥能力强，适宜于植物生长的土壤。人员及施工机具：自卸汽车、装载机、挖掘机、推土机等。②工艺流程。平整基层→自卸车运土→装载机摊平→修正找平。③质量控制。基层清理：覆土前将施工现场垃圾、建筑废料等杂物清理干净。检验种植土土质：检查土的种类、颗粒组成、有无不允许的杂物、是否符合种植土要求，检查土料的含水率。分段铺土，

逐步推进：利用自卸汽车将土卸到目的地后，利用推土机将土往前推进。填土自然沉实：铺填时不需特意打夯，利用小型推土机来回推土碾压使自然沉实。检验填土厚度：填土厚度不小于设计值。修整找平：种植土填铺时，由测量人员按图纸要求控制土方填铺标高，将超过标高控制线的部位铲平，低于标高控制线的地方，补土找平即可。覆土前，将场地堆渣体整平，并按照施工设计进行覆土，最下为厚度 10cm 的四合土垫层，压实系数为 95%；中间为厚度 40cm 的压实黄土，压实系数为 83%；上部为厚度 30cm 的松散黄土，压实系数为 80%。整体坡度随地形调整，一般不超过 5%，局部坡度不超过 25%。覆土的密实度影响植物根系的生长情况，因此在进行覆土、平整时要严格控制土壤的过分压实，确保覆土的容重小于 $1.65g/cm^3$，孔隙率控制在 0.3～0.6。覆土时可以采用"松散倾倒法"，以便很好地控制土壤的密实度。取土场取土后，对场地进行植树种草或恢复耕地，取土挖方时保证土场边坡坡比不大于 1∶1.25，取土完成后对各级斜坡进行植草护坡，防止边坡后期遭受风化等破坏。经检验，覆土压实系数全部合格。施工过程见图 6-16。④覆土注意事项。填坑时，底部需要适当的压实，以免以后沉降造成积水区；顶层不夯实，避免过分密实的土壤使苗木的根茎无法贯入。挖取覆土时，应做好放线、开挖等各项记录。取土时，开挖不能过深，以免引起取土区边坡的稳定性，边坡要有一定的坡度或开挖成台阶形。可用卡车运送覆土，在覆土区成堆堆放，运土车的路线要严格规划，不能在覆土上多次往返碾压。覆土整平后，覆土厚度应满足设计要求。

（a）选矿废渣地平整

（b）铺设四合土隔离

（c）铺设耕作层

图 6-16　施工过程图

四、矿区土地污染防治效益分析

李刚等（2016）对项目区隔离土壤进行了定期检测，结果如表 6-5 所示，从中可以看出隔离层以上土壤中重金属含量符合《土壤环境质量　农用地土壤污染风险管控标准（试行）》（GB 15618—2018），说明隔离效果良好。

表 6-5　项目区隔离土壤重金属含量检测结果　　　（单位：mg/kg）

重金属	重构土层	GB 15618—2018 风险筛选值
Cr	90	250
Ni	40	190
Cu	35	100
Zn	100	300
As	15	25
Cd	0.20	0.6
Pb	35	170
Hg	0.15	3.4

通过对项目预期效益进行分析，得到该项目具有良好的社会、经济和生态效益，对当地生态环境和农业发展具有深远的现实意义。项目区有效耕地的整合、绿化及配套设施的建设，有效提高了土地利用率，改善了当地人居环境条件，使当地农村早日实现和谐健康发展。项目新增耕地 102.42 亩，提高了土地利用率，扩大了环境容量，增加了大量的优质高产基本农田，对确保区域粮食安全做出了积极贡献。项目在原有尾矿渣覆盖区内种植玉米、花生等农作物，长势良好，稳产稳收将成为现实，极大地增加了农民的收入，改善了当地人民的生活水平。该项目实施后，当地农民赖以生存的土地将给他们带来直接的经济效益，为区域内经济发展提供了保障，对项目区的社会稳定起到了十分积极的作用。

第六节　灾害损毁土地复垦案例分析

灾害损毁土地一般是地质地层的不稳定或者人类活动造成的各种地层塌陷问题形成的，这种损毁土地一般分布在地层不稳定地区或者矿业采空区。灾害损毁土地会造成地表下陷、地震等地质灾害。本节选择神木市煤矿区长期采矿造成的土地受损问题，对灾害损毁土地复垦进行案例解析。

一、灾害损毁土地区域概况

（一）灾害损毁土地地理位置

神木市位于陕西省北端，黄河中游，长城沿线，东隔黄河与山西兴县相望，西与内蒙古伊金霍洛旗为邻，南隔黄河与山西省兴县大峪口相望，北与内蒙古自治区伊金霍洛旗的乌兰木伦庙毗连，位于北纬 38°13′～39°27′，东经 109°40′～110°54′，全市呈不规则菱形，南北最大长度约 141km，东西最大宽度约 95km，总面积 7635km²，面积为陕西省各县级行政区之首。

（二）灾害损毁土地自然环境

1. 地形地貌

神木市地形西北高而东南低，主要河流沿地面倾向流入黄河。项目区所在区域均位于神木市北部，属于陕北长城沿线风沙滩区，地势较为平坦，海拔在 987.0～1449.4m。基底为侵蚀残留的黄土梁峁地形，表面为波状起伏的风成沙丘（多为片流沙和半固定沙丘），沙丘间形成大小不等的洼地（也称滩地）。一般洼地面积在 5km² 以上，也有数十平方千米的，多为草原和农耕地。其周边微向中心倾斜，滩地中心与边缘呈缓坡过渡，高差为 10～30m。滩地中湿生植物茂密，低洼部位由于地下水与地表水的补给，形成沼泽或水泊（俗称海子）。

2. 气候环境

神木市属于温带半干旱大陆性季风气候，冬季漫长寒冷，夏季短促，温差大；冬季少雨雪，夏季雨水集中，年际变率大；多西北风，风沙频繁，无霜期短，日照丰富，光能强，积温有效性大。年平均日照 2875.9h，日照百分率为 65%，太阳年总辐射量 141.86kcal/cm²，生物辐射量为 70.93kcal/cm²。平均气温 8.9℃，最高年 9.9℃（1970 年），最低年 7.8℃（1957、1976 年）。年极端最高气温 38.9℃，年极端最低气温-28.1℃。年较差 33.8℃，日较差 13.7℃。最热为 7 月，平均 23.9℃；最冷为 1 月，平均-9.9℃。年平均无霜期为 199d，最短 128d。平年霜日为 96d（9月 22 日～5 月 8 日），多年为 237d，少年为 166d。

3. 水文环境

流经神木市的河流有黄河、窟野河、秃尾河和流入红碱淖几条河流组成的内陆水系。由于地质构造和地貌等自然因素的影响，窟野河、秃尾河的流向都由西北流向东南，继承了古河道的流向。两条河流均以黄河峡谷为侵蚀基准，在新构造上升的配合下，河流下切剧烈，有些河段已切入基岩。黄河在地质构造因素控制下，沿吕梁复背斜西翼大断裂发育南流，河床切入三叠系，石炭二叠系基岩，形成著名的晋陕大峡谷。在黄土及水土流失等因素影响下，河流多泥沙。

二、损毁型土地退化驱动因素分析

以矿业开采为主的强烈人为干扰会超出当地生态系统自身的修复能力，破坏原生态系统的稳定性。干扰直接或间接导致生态系统的退化，最明显的标志是生态系统生产力降低、生物多样性减少或丧失、土壤养分维持能力和物质循环效率降低等。随着干扰加剧，生态系统自身的生态平衡会受到破坏，使其稳定性遭到破坏。

本项目区损毁土地全部为历史遗留工矿废弃土地，大多已被破坏，且废弃闲置多年。土地损毁的形式包括挖损、塌陷及废弃物的压占，主要为挖损和压占。其中，挖损损毁土地主要包括采矿场、砖瓦窑、取土场及挖沙取土挖掘损毁土地；压占损毁土地主要包括废弃的工业场地和采矿停产堆放物、采矿剥离物、矿渣、粉煤灰等固体废弃物压占损毁土地。

三、土地复垦关键技术模式

主要从地形地貌重塑、土体重构等方面入手，对项目区内废弃工矿地实施整理复垦，以达到改善工矿区生态环境、盘活和合理调整建设用地的要求，实现改善群众生产生活条件、促进保护耕地和节约用地、优化建设用地布局的目标。

（一）地表清理

项目区全部为废弃闲置的采矿用地，由于荒废多年，场地内多覆盖有煤矸石、废渣等。为提高复垦后耕地质量，须将场地内覆盖的废渣剥离清除，而后外运至指定堆放点。

建筑垃圾及废渣外运到指定堆放点后，须对弃渣场进行复垦恢复治理，还原生态环境。对于弃渣场，主要采取以下措施进行恢复治理：首先，对堆放后形成的场地进行平整，使其地形基本平坦；其次，在平整后的场地上回填客土，覆土厚度为30cm，使其达到植物生长的要求；最后，在覆土后的场地上撒播草籽，使其恢复为草地。

石圪台村地块清渣及拆除产生的废渣全部运往神东排矸场。神东排矸场目前被矿山企业使用中，经村委会与其协商，具备排矸要求，建筑垃圾及废渣运至此处后不对其进行恢复治理，以便矿山企业继续使用。其余各村均须对堆放点进行恢复治理。

外运垃圾共分为三部分。其一为建筑物拆除、地基拆除产生的建筑垃圾；其二为地表清渣产生的废渣；其三为场地内原本堆放的废渣、煤矸石等。本项目共外运建筑垃圾和废渣 48983.96m³，共占地 2722.83m²，共需要覆土 816.85m³，（撒播草籽 0.2723hm²）。

（二）土地平整

1. 耕作田块修筑

土地平整工程设计主要是在已经过拆除、地表清渣等工程的废弃采矿用地基础上复垦平整，若复垦时宅基地周围有比较破碎的耕地，与宅基地统一规划，一并进行平整。对于现状实际为废弃采矿用地，但第二次调查分幅图中地类为林地或草地的，仍按建设用地对待。项目区位于陕北长城沿线区，根据地形现状及道路布置，布置项目区田块，长度根据地形确定，面积依据实测 1∶1000 地形图计算确定。

1）田面

项目区地势比较平坦的田块，经过拆除、地表清渣等工程后可直接覆土进行复垦，无须进行土地平整。

少量地块原为采石场，地形起伏较大，须对其进行平整。根据项目区实际情况，结合地形、机耕要求，按照工程效益最大、挖填方量最小的原则进行布设。以田块内平整为主，以每一田块为平整单元，设计时按照田块内部挖填平衡设计每一田块的平均高程，确定各田块的设计高程，合理分配土方，节约投资。

耕作田块长度、宽度及形状，主要根据项目区道路或沟道布局、地形条件进行确定。本项目田块土方采用 CASS 7.0 软件的三角网进行计算，共设计耕作田块修筑 44.6391hm²，推土方量 278247m³。

2）田坎

设计田坎坎高根据实测 1∶1000 地形图计算确定。根据《黄土丘陵沟壑区沟道土地整治及控制工程技术规范》（DB61/T 1746—2023）和《高标准农田建设通则》（GB/T 30600—2022）的要求，当平整后的田坎坎高≤5m 时，田坎外侧坡比统一采用 1∶0.3；当 5m＜坎高≤7m 时，田坎外侧挖方段坡比采用 1∶0.5，填方段坡比采用 1∶1；当坎高＞7m 时，每隔 4～6m 设一道戗台，田坎外侧挖方段坡比采用 1∶0.7，填方段坡比采用 1∶1，在挖填方分界处设一道戗台，戗台宽 1.5m。

对于项目区内填方段坎高≥10m，田坎外侧填方段坡比采用 1∶1.25，填方段每隔 10m 设一道戗台。对于现状直立田坎，若不归并田块时，仍保持原坎现状，不再削坡（王鹤亭，2021）。

夯筑田坎时，应清除新旧土接触层的杂草及松土，填方基础应修成台阶状，然后分层夯实至设计标高，夯筑完成后削坡成形，修整坡面。

经计算，本项目共修筑田坎长 999.96m，田坎修筑土方量共 16535.39m³。

3）田埂

田埂设置在田坎顶部，田埂高 30cm，顶宽 50cm，外侧坡比随田坎外侧坡比，内侧坡比为 1∶1，田埂修筑工程量 2038.47m³。田埂填筑应分层夯实，夯筑完成后削坡整形。

4）戗台

本项目在挖方形成的高边坡处削坡并设置戗台。戗台内设土质排水沟，比降采用 1∶500。戗台每隔 50m，垂直坡面设计一条砼排水沟，坡面排水沟为 30cm×30cm 矩形沟，底用 C20 砼浇筑，侧墙采用 M7.5 浆砌砖砌筑；戗台内设 80cm×50cm×50cm C20 现浇砼消力池（王鹤亭，2021）。

本项目戗台修筑挖土方 14042.14m³，此项工程量已计算在田坎修筑土方量之内。高边坡防护共栽植紫穗槐 17046 株，C20 现浇砼 0.185m³，M7.5 浆砌砖 0.44m³。

其他根据田块设计规定，本次设计的台田需要在离田坎 1m 处增加 10° 的反坡，以利于田块蓄水保墒。

为防止填方部位新填土耕作后产生沉陷，在填方处应留有相当于填土厚度 20%左右的虚高，以保证虚土沉陷后田面达到设计高程。

2. 耕作层地力保持

1）客土回填

本项目涉及地块为采矿用地，采矿过程会对土地造成压占、挖损等毁坏，地表熟土层遭到破坏。因此，待场地平整后须回填客土，重构土壤。根据《土地复垦质量控制标准》（TD/T 1036—2013）要求，本项目设计复垦方向为耕地时，覆土厚度为 50cm；复垦方向为草地、林地时，覆土厚度为 30cm；当对排矸场等堆渣厚度较大的地块复垦时，覆土厚度为 50cm。

（1）覆土工程土方量计算：

$$V_{覆土} = \Delta h \times s \tag{6-1}$$

式中，Δh 为覆土厚度，平均取 0.5m；s 为覆土面积（m²）。

（2）技术指标：客土土壤质地、pH、物理黏粒含量、砾石含量、容重、有机质含量、速效磷含量、速效钾含量、含盐量应适宜农作物生长需要，客土为黄绵土。

2）取土场的复垦

复垦工程的实施需要客土回填，须在各村指定一处以上取土场。复垦工程实施以后，须对取土场进行恢复治理。石圪村取土场为本村一处专门出售土的土场，取土以后不安排恢复复垦措施；丁家渠村、后柳塔村计划从外村购买土源，复垦后对取土场不安排复垦措施；三特村通过田块平整，挖高填低使田块土层厚度达到要求，不另行安排复垦措施。因此本次规划只对贾家畔村、三特村取土场经边坡处理、土地翻耕、撒播草籽等措施进行恢复治理。取土场边坡处理根据取土形成高差，须进行削坡处理，外坡比为 1：0.7，高差超过 5m 则设置一道戗台，戗台宽 2m。通过在边坡、戗台处栽种紫穗槐来达到护坡目的。

取土场地须进行翻耕，翻耕深度 0.3m。翻耕后撒播草籽，恢复为草地，保证地表不受风化侵蚀。

3）土地翻耕

项目区废弃闲置的采矿用地复垦平整后经过机械来回碾压，直接在此基础上复耕、种植植物，不利于水分渗透和土壤的熟化，达不到植物生长要求。根据《土地开发整理项目预算定额标准》的要求：土地翻耕适用于新增耕地高差在 30cm 以内的松土，为了使平整后的土地达到耕种要求，在各项工程全部完工后对项目区内的土地进行翻耕培肥。

土壤培肥以有机肥为主，通过增施有机农家肥、秸秆还田、种植绿肥，推行保护性耕作；以有机肥与无机肥相结合培肥为辅，协同提升土壤的有机质含量；应控制氮肥总量，分期按需追肥，磷钾肥衡量补充，中微量元素因土补缺。此项措施均由村民在耕种时实行。

（三）灌溉与排水工程

项目区结合梯田整治，设计田块被封闭式田埂围成，在田块平整时做到外高内低，留 1：500 的反坡，便于蓄水和排水，不单独设置排水设施。项目部分田间道设置路边沟，累计长度 675.38m。

（四）田间道路工程

道路是供车辆和行人等通行的工程设施，其布局要遵循因地制宜、讲求实效，有利生产、节约成本，综合兼顾、远近结合等原则。根据项目区内外现有的道路交通情况，在充分利用现有主干道和田间道的基础上，结合道路布局的要求，在项目区田间新修田间道，并对损毁的原有田间道进行修复，以期达到满足作业及通达度的要求。本项目共设计新建田间道 2 条，总长 1014.14m，路面宽 3m，砂砾石路面。

（五）农田防护及生态环境保持工程

项目区整治之前，项目区有零星树木，不成规模。为减少水土流失，防止风沙破坏，保持田坎稳定，规划在修建的田坎、田埂上栽植灌木、乔木，树种选择当地常见的抗干旱的侧柏、樟子松、臭柏。规划共栽种侧柏 103601 棵、樟子松8811 棵、臭柏208059 棵。新建林地 41.4886hm^2，新建、恢复草地 32.2119hm^2。

四、矿区土地复垦效益分析

工矿废弃地土地复垦项目的主要目的是改善工矿区生态环境，盘活和合理调整建设用地，实现保护耕地、节约用地、优化建设用地布局的建设目标。通过土地复垦整理，新增指标面积可以有效缓解新增建设用地指标紧张与建设用地供需矛盾的问题。本项目实施后，可新增有效耕地面积 20.8147hm^2，新增耕地率26.37%；新增草地面积 11.2628hm^2，新增草地率 14.27%；新增林地面积 7.0673hm^2，新增林地率 8.95%。

通过对历史遗留废弃工矿用地的复垦，整理后的地块利于林草地种植，田块利于耕作，进一步改善了工矿区生态环境，也为当地人民群众创造了便利的生活生产环境。本项目的实施，是在保护生态环境的前提下，把拆除工程、土地平整工程、灌溉与排水工程和田间道路工程紧密结合在一起，通过项目实施，完成了耕地、林地、草地等多个复垦方向的任务，优化了土地结构，提高了土地利用率和土地质量。一方面，复垦整理大大提高了项目区内耕地的质量等级和道路的通达性，使区内生态环境进入良性循环，并逐步形成高产农田；另一方面，通过对历史遗留的工矿废弃地进行土地平整和田间道路、农田防护与生态环境保持工程建设等，复垦为林地、草地，改变了土地的利用条件，促进了土地资源可持续利用，在改善工矿区生态环境的同时，实现了恢复土地利用价值的目标。

参 考 文 献

蔡苗, 韩霁昌, 魏样, 等, 2016. 陕西潼关矿区土壤污染治理技术探讨[J]. 西部大开发(土地开发工程研究), (3): 77-84.

董振国, 吴家燕, 刘瑞文, 1995. 内陆盐碱土开发治理[M]. 北京: 中国农业科技出版社.

傅伯杰, 陈利顶, 马克明, 1999. 黄土丘陵区小流域土地利用变化对生态环境的影响——以延安市羊圈沟流域为例[J]. 地理学报, 54(3): 241-246.

韩霁昌, 2004. 卤泊滩土地开发利用及评价体系研究[D]. 西安: 西安理工大学.

韩霁昌, 2009. 陕西卤泊滩盐碱地综合治理模式及机理研究[D]. 西安: 西安理工大学.

韩霁昌, 2014a. 砒砂岩与沙复配成土技术与造田工程示范[M]. 西安: 陕西科学技术出版社.

韩霁昌, 2014b. 砒砂岩的固沙作用[M]. 西安: 陕西科学技术出版社.

韩霁昌, 2016a. 土地工程实务[M]. 西安: 陕西科学技术出版社.

韩霁昌, 2016b. 城市生态环境退化与土地工程基础理论研究[N]. 中国国土资源报, 2016-09-22(07).

韩霁昌, 解建仓, 2009a. 陕西卤泊滩盐碱地综合治理的和谐生态模式研究与实践[M]. 西安: 陕西科学技术出版社.

韩霁昌, 解建仓, 朱记伟, 等, 2009b. 陕西卤泊滩盐碱地综合治理模式的研究[J]. 水利学报, 40(3): 372-377.

胡雅, 2020. 矿区污染土体有机重构技术与实施——以潼关金矿为例[J]. 时代农机, 47(2): 22-23.

胡雅, 程杰, 魏静, 2019. 盐碱地土体有机重构技术设计与实施——以卤泊滩为例[J]. 农村科学实验, (22): 62-63.

环境保护部, 2014. 全国土壤污染状况调查公报[R/OL]. (2014-04-17). https://www.mee.gov.cn/gkml/sthjbgw/qt/201404/W020140417558995804588.pdf.

景阳, 2021. 黄土丘陵沟壑区传统村落生态治理水经验研究[D]. 西安建筑科技大学.

李刚, 蔡苗, 魏样, 2016. 基于地积累指数法和生态危害指数法对黄河滩地土壤重金属污染的研究[J]. 绿色科技, (24): 5-8, 11.

李进, 2010. 盐碱地沟渠湿地水文水质特性初步研究[D]. 西安: 西安理工大学.

李宛莹, 2022. 砒砂岩添加对风沙土特性及作物适宜性的影响[D]. 西安: 长安大学.

李永庚, 蒋高明, 2004. 矿山废弃地生态重建研究进展[J]. 生态学报, 24(1): 95-100.

路浩, 王海泽, 2004. 盐碱土治理利用研究进展[J]. 现代化农业, (8): 10-12.

栾勇, 2008. 退耕还林对黄土高原小流域土壤侵蚀控制效果研究[D]. 北京: 北京林业大学.

马骏, 刘蔚, 席海洋, 等, 2014. 近 20 年黑河下游核心绿洲区土地荒漠化特征及影响因素[J]. 水土保持通报, 34(1):
    160-165.

庞喆, 2018a. 毛乌素沙地综合整治技术研究及示范应用[J]. 农村经济与科技, 29(5): 7-11.

庞喆, 2018b. 关于治沟造地工程设计与实施方案的探讨——以延安市宝塔区南泥湾镇阳湾沟土地整治项目为例[J].
    农业科技与信息, (10): 30-33, 41.

陕西省卤阳盐厂编志小组, 1993. 陕西省卤阳盐厂志[Z].

盛晓磊, 2017. 榆阳区岔河则乡土地开发项目设计与管理研究[D]. 西安: 西安理工大学.

史蕊, 陈建平, 陈珍平, 等, 2011. 陕西小秦岭金矿带潼关段区域三维定量预测[J]. 地质通报, 30(5): 711-721.

唐克丽, 2004. 中国水土保持[M]. 北京: 科学出版社.

汪晓菲, 何平, 康文星, 2015. 若尔盖县高原草地沙化成因分析[J]. 中南林业科技大学学报, 35(3): 100-106.

王鹤亭, 2021. 工矿废弃地复垦项目实施路径探讨——以神木市大柳塔镇工矿废弃地复垦项目为例[J]. 农村经济与
    科技, 32(9): 57-59.

王培龙, 2013. 黄土高原水土流失现状及治理[J]. 东方教育, (10): 182-183

魏样, 卢楠, 2017. 砒砂岩与沙复配成土造田工程技术规范编制研究报告[J]. 农业与技术, 37(15): 15-19.

文雯, 2014. 黄土高原羊圈沟小流域土地利用时空变化的土壤有机碳效应研究[D]. 重庆: 西南大学.

杨艳芬, 王兵, 王国梁, 等, 2019. 黄土高原生态分区及概况[J]. 生态学报, 39(20): 7389-7397.

余璐, 2020. 世界防治荒漠化与干旱日: 中国提前实现土地退化零增长[EB/OL]. (2020-06-17). http://m.people.
    cn/n4/2020/0617/c4048-14040501.html?from=groupmessage.

张海欧, 2020. 毛乌素沙地砒砂岩与沙复配土壤质量演变及其稳定性分析[D]. 西安: 西安理工大学.

第七章 土地退化防治助推乡村振兴

第一节 土地退化与贫困状况

一、土地退化与贫困人口的空间分布关系

（一）全球贫困人口与土地退化分布

消除贫困、共享发展繁荣是世界各国政府和国际社会长期追求的共同目标和使命。2015 年，联合国发展峰会通过了可持续发展目标（sustainable development goals，SDGs），提出到 2030 年基本消除全球极端贫困，即基于国际贫困线的全球、区域、国家一级贫困发生率要降至 3%以下（Ravallion，2013）。世界银行 2015 年度全球监测报告显示，1990~2015 年，全球贫困人口已减少了 64.15%，贫困发生率降低了 27.5 个百分点（IBRD，2016），但是贫困问题依然是当今世界面临的最大全球性挑战之一。2020 年全球贫困率首次出现回升，预计有 7100 万人再次陷入极端贫困（UNDESA，2020）。2021 年，联合国开发计划署公布了《全球多维贫困指数》（*Global Gultidimensional Poverty Index*）报告。报告指出，从地区看，各国之间与国家内部各地区之间的贫困程度存在着巨大差异，全球贫困人口主要集中在非洲撒哈拉沙漠以南地区和南亚地区，贫困发生率分别为 35.2%和 13.5%，很多国家和地区的贫困率超过了 40%，两地的贫困人口共计占全球贫困人口的82.38%。在减少贫困的过程中，亚洲国家，特别是东亚国家，一直处于领跑位置，呈现出经济社会发展与减贫紧密相连的模式（UNDP，2021）。世界银行 2020 年数据显示，1990 年全球超过一半（52.08%）的极端贫困人口生活在东亚及太平洋地区，只有接近 1/7（14.67%）的贫困人口生活在撒哈拉沙漠以南非洲。到 2015 年，东亚及太平洋地区虽然拥有全球 27.7%的人口，却只有全球 6.39%的贫困人口，我国是脱贫人口进展的最大贡献者；与此相反，撒哈拉沙漠以南非洲人口只占全球人口的 13.67%，却集中了全球过半的贫困人口（56.19%）（博鳌亚洲论坛，2020）。此外，2023 年联合国开发计划署和牛津大学贫困与人类发展中心联合发布的报告中指出，贫困发生率越高的地方，贫困程度往往越高。例如，非洲中西部国家尼日尔总人口的 90%为贫困人口，贫困程度也超过了 60%，处于一种普遍的极端贫困状态（UNDP，2023）。

1999 年，联合国粮农组织在报告 *Poverty Alleviation and Food Security in Asia: Lessons and Challenges* 中指出，土地退化是在特定的土地管理和土地利用模式下产能下降的现象。2011 年，《联合国关于在发生严重干旱和/或荒漠化的国家特别

是在非洲防治荒漠化公约秘书处的报告》指出，土地退化是长期丧失关系到人类生存的生态系统功能和服务，原因是生态系统受到干扰不能自动恢复。该问题在旱地地区最为严重。全球地表约 24%的土地生产力呈下降趋势，年均下降接近 1%。50%以上的农业用地存在中度到重度退化状况。从全球区域来看，非洲和亚洲地区土地退化最为严重。联合国环境规划署在 2015 年发布的关于非洲土地退化状况的报告中指出，非洲约 45%的土地面积受到土地退化的影响，其中超过一半的土地退化状况在不断加剧，生态环境和作物生长长期处于高风险。由于土壤沙化、荒漠化日趋严重，非洲撒哈拉沙漠每年都在扩大，沙漠南部地区每年有超过 1.5 万 km^2 的土地变为荒漠，尼日利亚每年有超过 3500km^2 的土地变为黄沙。亚洲有超过 70%的土地发生退化，其中 35%的农业耕地正在遭受荒漠化的影响，其中蒙古、阿富汗、巴基斯坦和印度等国的土壤退化问题比较严重。同时，由于亚洲人口数量众多，亚洲也是世界上受土壤退化影响人口最为密集的地区。1999～2013 年，非洲撒哈拉以南地区和中亚地区的土地生产力持续严重下降。欧洲 17%的表层土壤已经发生退化。欧洲土壤退化问题主要是工业和城市垃圾、杀虫剂、酸雨及各种污染物导致的，土壤退化问题主要集中在波兰、德国、匈牙利及瑞典南部地区。北美洲的土壤退化也较为严重，经过 200 年的大规模农业耕作，美国各地已经失去25%的表土，同时由于化肥和农药的过度使用，美国土地退化的速度是其自然复原速度的 10 倍以上。在全球范围内，土地退化问题不容忽视，尤其是在经济相对落后的非洲和亚洲地区。

　　土地退化极大地降低了土地生产力，制约着农业活动的发展，最终导致农业收入下降。当地居民不得不依靠从事非农工作来补贴家用，这导致农村劳动力外流和环境的持续退化，形成了恶性循环（图 7-1）。

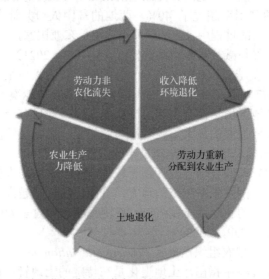

图 7-1　土地退化与贫困的潜在恶性循环（Barbier et al.，2018）

（二）我国贫困人口与土地退化分布

改革开放初期，我国农村贫困问题极为突出，按 2010 年我国农村贫困标准线，截至 1978 年，全国农村贫困发生率高达 97.5%，表现出整体性的贫困特征，贫困问题长期以来制约着我国经济社会的健康发展。随着改革开放进程的加快，居民生活水平整体提升。按照现行国家农村贫困标准测算，2010 年全国农村贫困人口 1.66 亿人，贫困发生率 17.2%。2019 年全国农村贫困人口 551 万人，减少了 1.60 亿人，年均减贫人口规模 1780 万人；贫困发生率下降 16.6 个百分点，年均下降 1.8 个百分点。我国农村贫困治理取得了历史性胜利，农村绝对贫困全面消除，但相对贫困问题依然存在并表现出明显的地域差异。除了我国北部和西北地区少数几个经济强县（如内蒙古鄂尔多斯的伊金霍洛旗、鄂托克旗、准格尔旗和陕西榆林的神木市、府谷县），我国人均国内生产总值（GDP）基本呈现出东强西弱的分布状况（Zhou et al., 2018）。2019 年，全国农村居民人均可支配收入为 16021 元，贫困地区农村居民人均可支配收入为 11567 元，东、中、西部农村居民收入分别为 19989 元、15290 元、13035 元，东部农村居民收入分别是中部和西部的 1.31 倍、1.53 倍。农村居民收入的区域性差异在很大程度上造成了区域间贫困人口数量的差异（国家统计局，2020，2019）。根据 2020 年统计数据，农村仍然有一半以上（58.6%）贫困人口集中于西部地区（国家统计局，2020）。根据国家统计局住户收支与生活状况调查结果，截至 2019 年底，各省份贫困发生率普遍下降至 2.2% 及以下。其中，贫困发生率高于 1% 的省份有广西、贵州、云南、西藏、甘肃、青海、新疆，贫困人口规模排名前三的省份是云南、贵州和四川，均位于我国西部地区。

我国西部地区土地退化问题相较中东部地区更为显著。我国沙化土地主要分布在西北地区的新疆、内蒙古、西藏、青海、甘肃 5 个典型省（自治区），沙化土地面积分别为 74.71 万 km^2、40.79 万 km^2、21.58 万 km^2、12.46 万 km^2、12.17 万 km^2，共计占全国沙化土地总面积的 93.95%，其他 27 省（自治区、直辖市）仅占 6.05%（胡光印等，2021；李芹芳等，2019；Tan，2016）。从区域来看，我国东、中、西部地区面临着不同程度的水土流失问题，其中西部地区最为严重，水土流失面积为 227.07 万 km^2，占全国水土流失总面积的 83.76%，中部和东部地区水土流失面积分别为 29.62 万 km^2 和 14.39 万 km^2，分别占全国水土流失总面积的 10.93% 和 5.31%。土壤高侵蚀区主要分布在东北黑土区、黄土高原区、西南云贵高原及四川盆地周边的丘陵区（Liu et al.，2020）。同时，土壤流失严重的县区往往人均收入较低，这是农村地区土地经济本质决定的。

此外，一些新兴社会发展代表（如高铁）也能反映出我国经济的发展状况。有研究表明，高铁的修建和当地居民收入有直接联系。我国中东部地区，尤其是东南沿海地区高铁站点密集，反映出当地蓬勃的经济。相反，在过去的一些贫困县及周边地区，高铁站点稀少。同时，这些地区土地退化的发生概率和严重程度也往往更高（Niu et al.，2021）。综合来看，土地退化与贫困分布在空间上具有强烈的相关性，土地退化对我国经济社会发展造成了巨大的影响。土地退化严重的地区生态环境更为恶劣，贫困人口和贫困发生率也往往更高。我国土地退化的恶性循环是社会、经济和环境等因素共同导致的。土地退化问题往往是政策、人口、气候环境等一系列复杂问题的集中表现，一个社会的发展衡量标准往往就取决于这些方面（张玉玲等，2020；Zhang et al.，2020）。因此，很多学者将探析土地问题作为研究我国政策导向、社会结构、经济发展和人居环境质量的重要途径。要实现乡村振兴，必须落实土地退化防治工作。

（三）土地退化与人类活动的互馈机制

1. 土地退化与气候变化的关系

土地退化是人类活动产生的诸多问题在土地上的直观体现。2019 年，联合国政府间气候变化专门委员会（intergovernmental panel on climate change，IPCC）《气候变化与土地特别报告》中指出，土地退化是土地状态因直接或间接人为过程影响而呈现的负面趋势，表现为生物生产力、生态完整性或对人类利用价值的长期减少或损失。土地在气候系统中起着重要作用。土地退化通过改变地表特征、大气成分、地表温度来减缓（负反馈）或加剧（正反馈）气候变化。全球 77%的土地已被人类利用，由此引起的土地利用变化对气候变化有重要影响。土地退化通过不同时空尺度胁迫的多种生物物理和生物地球化学过程对气候变化产生影响。陆地生物圈通过淡水、营养物质、碳和颗粒物的流入，与海洋相互作用，影响降水的时间、地点、频率和强度，并受到全球和区域气候变化的影响。生物地球化学作用主要促进植物光合作用和呼吸作用之间的平衡，以及微生物对土壤有机质的分解。光合作用通过影响二氧化碳吸收和水分蒸散发，引起全球温差及降水变化，并通过不断与大气交换温室气体而改变大气组成。土地是温室气体的源和汇，土地退化会改变二氧化碳、甲烷和二氧化氮等的吸收和排放，引起大气组成变化，进而影响气候变化。2008～2017 年，土地利用变化产生的碳排放总量约为 $15×10^{12}$kg/a。甲烷在过去百年时间内产生的温室效应比二氧化碳强 32 倍，1961年以来增加了 1.7 倍，水稻田是甲烷排放的主要来源。大部分二氧化氮来自氮肥使用，1961 年以来全球化肥使用量增加了 9 倍（IPCC，2019）。合理利用土地和使用化肥，在一定程度上可以减轻土地退化对气候变化的影响。尽管土地利用变化的碳排放量较高，但目前土地碳吸收量仍高于碳排放量，2007～2016 年土地的碳净吸收量约为 $60×10^{12}$kg/a（陈睿山等，2021）。

荒漠化通过改变植被覆盖、气溶胶和温室气体通量等多种机制来加剧气候变化。干旱会使大气中的二氧化碳含量急剧升高，1948～2012 年干旱导致相关区域二氧化碳增加了 6%，预计到 2050 年至少还会增加 8%，使得这些地区净碳吸收量比其他地区低 27%。荒漠化通过改变相关温室气体的吸收和排放增加反照率，降低地表温度，减少地表的可用能源，对气候变化产生负反馈。此外，荒漠化会减少土壤有机质，增加地表裸露程度，减少地表植被覆盖，增加地表干燥程度，增加沙尘暴发生的频率和强度。总之，土地退化通过改变地表覆盖、地表粗糙度、地表温度、大气成分和温室气体通量等改变地表和大气之间的生物物理和生物地球化学过程，从而影响气候变化。气候变化通过影响土地结构、功能、过程造成土地退化，增加土地应对气候压力的敏感性，降低农业产量和收入。为满足生存需求，人类开垦更多的土地，这进一步加剧了土地的退化及气候敏感性。

图 7-2 为气候变化与土地管理的相互作用影响土地退化概念图。气候变化可以加剧很多退化过程，并引入新的退化类型，如永久冻土融化和生物群落变化。因此，土地管理需要及时应对气候变化影响，以避免、减少或逆转这些土地退化。人类土地利用的类型、强度及气候变化对土地的影响都会影响土地碳储量和碳汇能力。尤其在农业用地中，退化通常会导致土壤有机碳储量减少，这会对土地生产力和碳汇能力产生影响。

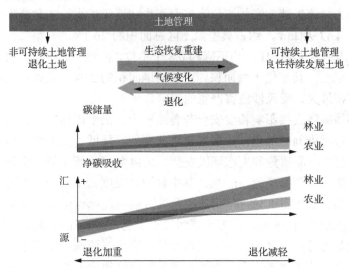

图 7-2　气候变化与土地管理的相互作用影响土地退化概念图（Olsson et al.，2019）

2. 土地退化与粮食生产

2019 年，IPBES 发布报告指出，消费是生态系统退化的关键驱动力之一；在过去 30 年间，全球贸易量增长 8 倍，全球经济量增加 6 倍，使人们对自然资源的需求提高了 1 倍；预计到 2050 年，人口增加、城市化引起的食物消费结构变化会导致粮食需求比 2010 年增加 56%，从而需要更多的土地来满足人类的需求，这将进一步加剧土地系统的压力，激发人地矛盾（IPBES，2019）。根据《联合国防治荒漠化公约》，亚洲 35%的耕地受到荒漠化的影响。土地退化对耕地的数量和质量造成了严重的影响，带来了不可估量的经济和生态损失。有研究指出，2015 年土地退化在全球范围的损失成本约为 10.6 万亿美元，占全球每年生产总值的 10%～17%。土地退化降低了环境压力下的恢复力，可能会加剧稀缺自然资源的竞争，不仅会带来经济和环境的损失，而且会给人类居住健康带来威胁（陈睿山等，2019）。

我国的耕地数量减少、质量退化问题十分严峻。高强度的农业土地利用、庞大的人口数量及不均衡的水土资源分配，导致耕地资源的压力严峻。我国耕地退化面积占耕地总面积的 40%以上，水土流失、土地沙化和荒漠化、盐渍化、土壤污染、土地肥力下降等问题，在局部地区表现明显。伴随着耕地长期的高负荷生产，农田土壤肥力出现严重下降。相关调查研究显示，2014 年全国耕地土壤有机质含量为 2.08%，比 20 世纪 90 年代初低 0.07 个百分点，其中黑土区土壤有机质每年以 1/1000 的速度减少，黑土表层以平均每年 0.3～1.0cm 厚的速度流失，原本 30～100cm 厚的黑土层只剩下 20～30cm，有的地方甚至已露出黄土母质，基本丧失了生产能力；流失速度在加剧，流失面积也在逐年扩大；东北典型黑土区水土流失面积为 4.47 万 km^2，约占典型黑土区总面积的 26.3%；与第二次土壤普查时期相比，全国耕地土壤 pH 平均下降约 0.8 个单位，酸性土、盐碱土面积占耕地总面积的 60%以上，盐渍化土壤面积约占总耕地面积的 25%。此外，我国还是世界上荒漠化面积最大、受风沙危害严重的国家。

生态环境破坏直接影响粮食安全与食品安全。由于固体废物、污水灌溉等多种因素，土壤污染问题加重，土壤理化性状变差，降低了土地生态功能和生产能力，严重威胁农产品质量和生态环境安全。2014 年《全国土壤污染调查公报》显示，全国土壤总的超标率为 16.1%，其中轻微、轻度、中度和重度污染点位比例分别为 11.2%、2.3%、1.5%和 1.1%。无机污染物超标点位数占全部超标点位的82.8%。从污染分布情况看，南方土壤污染重于北方；长江三角洲、珠江三角洲、东北老工业基地等部分区域土壤污染问题较为突出，西南、中南地区土壤重金属超标范围较大。从用地类型看，耕地土壤整体点位超标率达到 19.4%，污染最为严重，其中轻微、轻度、中度和重度污染点位比例分别为 13.7%、2.8%、1.8%和1.1%，主要污染物包括镉、镍、铜、砷、汞、铅、滴滴涕和多环芳烃（环境保护部等，2014）。2017 年，我国水稻、玉米、小麦三大粮食作物的化肥利用率为 37.8%，农药利用率为 38.8%，远低于发达国家利用率，造成资源浪费的同时带来了土壤污染。另外，每年约有 50 万 t 农膜残留在耕地土壤中，对耕地质量构成了巨大的威胁。

二、土地退化型贫困对我国贫困的影响

土地退化会改变土壤原有的内部结构、元素组成和理化性状，改变土壤微生物群落结构，改变植被生产力及土壤有机质积累和分解速率，进而影响生态系统 C、N 储量和循环，使生态系统发生剧烈改变。脆弱生态系统受到土地退化的影响明显。例如，在我国西北地区高原草甸生态系统中，土地退化造成土壤 C、N 流失，整个系统由大气 CO_2 汇转变为 CO_2 源，正反馈效应可能使气候进一步恶化。同时，地表植被退化导致下垫面浅层土壤中 N、P、K 和有机质的质量分数严重下降，保水能力降低，且随着上层养分和水分的迅速流失，土地退化加剧。进而造成水土流失、土壤结构破坏和养分损失，影响农作物生长和发育，粮食产量下降，人地矛盾突出。当土壤中含有过量的重金属等有毒有害物质时，农作物对重金属有富集作用，可能生产出不安全的食品，进而毒害人类。

无论是从反映土地退化的整体情况、土地退化面积，还是从土地退化程度来看，土地退化都会造成农民人均收入下降和贫困现象的发生。研究表明，完全土地退化减少农村居民人均收入 330 元，重度土地退化比轻度土地退化下农村居民人均收入减少得更为明显。因为土地退化多发生在西部地区，所以土地退化对贫困的影响更多地集中在西部，这种致贫类型可以称为土地退化型贫困。以 2007～2009 年三年人均县域国内生产总值、人均县域财政一般预算收入、县域农村居民人均纯收入等与贫困程度高度相关的指标为基本依据，原国务院扶贫开发领导小组（2021 年 2 月改为国家乡村振兴局）2014 年公布了全国 832 个贫困县名单，涉及中西部 22 个省（自治区）。在全国 14 个集中连片特困区域中，土地资源约束是贫困县发展的主要制约因子，比例达到 24.96%（Ge et al.，2019；刘彦随等，2016）。同时，这些地区贫困与生态脆弱之间有很强的关联性。一方面，贫困人口的生产、生活方式较为初级和单一，对原始生产资料如自然资源类原料的依赖性强，但在生态脆弱区这些资源都非常有限；另一方面，许多贫困地区人口数量迅速增长，并严重超出自然环境的承载上限，环境的恶化又促使贫困程度进一步加剧，陷入"环境恶化—贫困—环境恶化"的恶性循环。过去，我国西北五省有超过一半的贫困县分布在生态脆弱区。土地退化降低土壤保水力和肥力，降低粮食产量，其直接后果是降低农民收入，在低收入地区农业仍是当地居民的主要经济来源。此外，土地退化会间接地引起水资源短缺、地质灾害和气候变化等问题，进一步限制当地居民生活水平提高。

第二节　土地退化防治与乡村振兴

一、基于乡村振兴视角的土地退化防治内涵

党的十九大报告明确提出，我国社会主要矛盾已经转化为人民日益增长的美

好生活需要和不平衡不充分的发展之间的矛盾。坚持农业农村优先发展，按照产业兴旺、生态宜居、乡风文明、治理有效、生活富裕的总要求，建立健全城乡融合发展体制机制和政策体系，加快推进农业农村现代化，成为有效化解乡村社会主要矛盾的必然选择。乡村振兴战略是现代乡村发展理论与实践的重大创新。其目标归结为"五大建设"。产业兴旺是经济建设的重要基础，重在资源整合、产业培育、经济转型与收入增长。生态宜居是生态文明建设的首要任务，关键是农村景观优化、环境美化、人居环境质量提高，发展绿色生态新产业、新业态。乡风文明是文化建设的重要举措，关键是乡村文化传承、思想观念转变、和谐社会构建，增强发展软实力。治理有效是政治建设的重要保障，关键是基层组织建设、民生自治、科学决策与机制创新。生活富裕是社会建设的根本要求，关键是居民享有平等参与权利、共同分享现代化成果。通过对乡村退化土地进行综合整治，可以从质量和数量两方面保障乡村建设用地和农用地的用地需求，实现社会和谐、经济高效、环境友好和文化繁荣的目标，推动乡村振兴发展（图 7-3）。

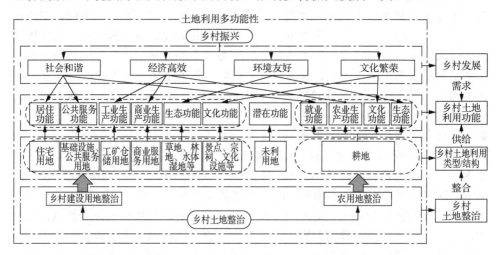

图 7-3　我国乡村土地整治推动乡村振兴（姜棪峰等，2021）

传统意义上的农村土地整治更多局限于工程技术属性，其核心目标主要集中在扩大农田规模、提高耕地质量、优化村庄布局等物质层面，甚至部分地区仅将土地整治视为为城市建设占用提供用地空间的一种手段。新时期背景下，乡村振兴不仅表现于居住环境和公共服务等物质层面的提升，更体现于充满活力的产业、独特的文化、有序的治理体系等深层次振兴。实现乡村全面振兴应立足于城乡地域系统的差异和乡村地域的多功能价值，避免盲目地复制以往"乡村工业化""乡村城镇化"的线性转型过程，走可持续的内涵式发展道路。乡村振兴视角下赋予土地整治新的内涵和功能。以土地综合整治为切入点，推进生产、生活、生态空间重构，加强与现代农业、体验农业、民宿经营和旅游观光等乡村多元业态的有机融合，促进乡村人口非农转移和土地利用方式转变，实现乡村"人口-土地-产业"的协调耦合。基于土地综合整治，改变耕地数量、质量和农村建设用地利用形态，盘活乡村土地资源，兼顾保护村庄传统风貌、传承乡土文化、延续聚落肌理，维护乡村独特的魅力，提升乡村地域生态、文化功能。

2015 年 9 月，联合国大会通过了《变革我们的世界：2030 年可持续发展议程》，明确了 17 个可持续发展目标（SDGs）及 169 个具体目标，其中 SDG 15.3 明确包含了"努力建立一个不再出现土地退化的世界"的表述（中华人民共和国外交部，2016）。通过防治荒漠化，恢复退化的土地，包括受荒漠化、干旱和洪水影响的土地，努力实现土地退化中性世界。该理念强调了实现土地退化中性对消除贫困与饥饿、提升经济和增加收入、改善人地关系和气候等目标的重要作用（图 7-4）。

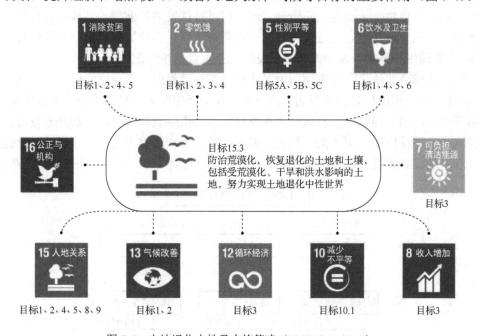

图 7-4　土地退化中性及实施策略（UNCCD，2019）

土地作为农民生产生活的基础要素，在发展生产、收益转化、扶贫脱贫等多个方面具有重要的价值。2011 年，中共中央、国务院在《中国农村扶贫开发纲要（2011—2020 年）》中提出，"加大土地整治力度，在项目安排上，向有条件的重点县倾斜"。党的十九大报告提出，"实施乡村振兴战略。农业农村农民问题是关系国计民生的根本性问题，必须始终把解决好'三农'问题作为全党工作重中之重。要坚持农业农村优先发展，按照产业兴旺、生态宜居、乡风文明、治理有效、生活富裕的总要求，建立健全城乡融合发展体制机制和政策体系，加快推进农业农村现代化"。从根本上调整城乡关系，破解城乡发展不平衡矛盾，促进城乡融合发展。"产业兴旺"是乡村振兴的重点，是实现农民增收、农业发展和农村繁荣的基础。要推动乡村产业振兴，需要紧紧围绕发展现代农业，围绕农村第一产业、第二产业、第三产业融合发展，构建乡村产业体系。土地是发展现代农业产业的基本前提。乡村发展的成效与问题都呈现在土地利用上，土地利用与乡村发展之间存在着显著的耦合关系。通过土地整治、空间规划、政策供给、机制创新等措施，优化调整乡村地区的生产、生活和生态空间，促进乡村空间重构，进而推动乡村经济社会结构的重新塑造，甚至根本性变革，推动农村产业发展。此外，生态宜居是乡村振兴的关键，也是农村最大的优势和宝贵财富，但是土地退化严重降低了农村生态环境质量。要完善乡村生态系统、治理乡村环境污染、实现人与自然和谐共生，首要任务是保护和改善乡村建设的承载基础——土地。因此，从乡村振兴的视角，土地退化防治是实现乡村可持续发展的前提，其核心是协调人地关系。同时，在内容上应该与《联合国防治荒漠化公约》提出的"保障粮食安全""协调生态系统"及"人类健康发展"三大目标相匹配。

在我国西北地区，经济薄弱地区往往生态环境脆弱，生产空间受限，生活空间不便捷。土地退化防治可以通过改善生产和生活空间为乡村振兴创造外部环境，激活内生动力。通过增加县域收入和家庭收入，消除农村贫困，带动产业发展，提高生活环境质量（图 7-5）。例如，农用地整治工程通过土地平整、耕地质量提升和基础设施建设，提高农业生产条件，提升土地承载力，提高农业劳动生产率。

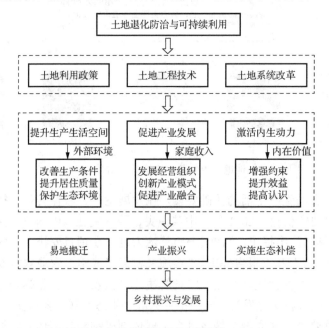

图 7-5　土地退化防治实现乡村振兴的工作框架（Zhou et al.，2019）

二、土地退化防治助力乡村振兴

（一）城乡空间统筹治理

土地退化防治应充分考虑土地自然资源与气候变化和生物多样性之间的复杂关联，通过土地退化防治实现包括可持续发展在内的多项社会、环境、经济目标。在我国复杂多样的国土综合整治与生态修复过程中，应遵循土地退化防治的整体性概念框架，坚持国土空间生命系统的整体性、人与自然的共生性、生物区域的多样性、人类命运的共同性和人地关系的和谐性原则，从整体上统筹"山上山下、上游下游、地表地底、陆地海洋"的整治修复结构和布局，将传统以单个项目为核心的分散化国土综合整治修复转变为区域整体的综合整治修复工程，强化国土生态空间的整体性，促进城乡一体化。通过土地退化防治，在乡村地区围绕产业兴旺优化乡村产业用地布局，围绕生态宜居改善乡村人居环境，成为乡村治理的重要手段。乡村产业兴旺的基础仍然是农业，实现耕地数量、质量与空间三位一体的保护和提升，依然是土地退化防治的核心。通过统筹协调生产、生活和生态空间，实现城乡土地资源的合理配置，促使生产资料从城市流入乡村，推动乡村发展。

（二）目标导向型治理措施

考虑到源头保护相较终端治理更具成本效益，土地退化防治应树立"避免土地退化＞减少土地退化＞土地修复"的价值判断，通过各类保护、保育措施（休耕、休渔、禁伐、禁牧、生物多样性保护）和可持续管理手段将大部分土地退化现象扼杀在萌芽状态。针对人类活动对生态系统的不同影响程度与风险等级，国土空间整治修复需要坚持土地退化零增长（land degradation neutrality，LDN）的价值判断，优先谋划如何避免土地退化，如大力推进耕地资源休养、完善以国家公园为主体的自然保护地体系、建立生态保护红线负面清单和永久基本农田保护正面清单等；不能把国土空间整治修复仅仅理解为工程治理措施，将避免土地退化、减少土地退化的非工程措施也纳入国土空间整治修复的范畴；要按照土地退化防治的系统性准则，坚持恪守底线思维，将自然资源的适度开发与优先保护放在更为突出的地位。

（三）以地为本转向以人为本

土地退化防治的核心对象是土地。从这一点出发，以地为本的整治思路是基本可行的，指引着当前大多乡村土地整治项目实施的方向。乡村地域系统是自然与人文交互的复合系统，具有用地关联性和时空动态性特征，以地为本的农村土地退化防治策略带来的问题如同"一叶障目"，忽略了乡村土地的共生关系，如整治地块与相邻地块或更大范围内人地之间的生产、生活或生态关系，大大降低了土地退化防治的预期效益。土地退化防治的本质是对人地关系的优化调整，包括但不局限于增加耕地或新增建设用地指标，其目标包括但不局限于保障粮食生产和土地财政收益。实现乡村退化土地整治的综合效益最大化，需要从整治的对象转移到整治服务的主体。坚持以人为本的乡村退化土地整治，就是坚持以农村居民利益为中心，从农户的需求和发展出发，通过退化土地整治的实效来满足农户对幸福生活的追求（孔雪松等，2019）。

三、全域土地退化综合防治模式探究

全域土地退化是指重度土地退化导致的山水林田湖草路村城等全要素系统性的退化，是一种典型的生态系统退化与人居环境质量降低的现象。其防控模式是基于乡村土地整治与人居环境提升基本理论提出的，通过开展全域土地综合整治来实现乡村振兴。2018 年 6 月，中共中央、国务院发布《乡村振兴战略规划（2018—2022 年）》，提出"加快国土综合整治，实施农村土地综合整治重大行动"。到 2020 年，开展 300 个土地综合整治示范村镇建设，基本形成农村土地综合整治制度体系；到 2022 年，示范村镇建设扩大到 1000 个，形成具备推广到全国的制度体系。要实现这一规划目标，必须以全域土地综合整治为基本载体和重要抓手。土地是农业生产的重要基础，是乡村最大的物质财富，是农户根本的社会保障，只有全面开展全域土地综合整治，才能有效解决好"三农"问题，助力乡村振兴目标的实现。

土地退化防治应贯彻落实山水林田湖草生命共同体的重要思想，将土地利用、气候变化和保护生物多样性等要素纳入框架综合考虑。自然资源和生态环境的管控方式上，深度契合山水林田湖草生命共同体的系统思想，指引国土空间整治修复工作由传统意义上的小区域、单要素"治理性修复"举措，上升至国土空间整治修复的国家战略高度。这就要求统筹兼顾、整体施策、多措并举地建立全域、全要素的国土综合整治修复体系。在标准上整合现行各种地类的相关标准，综合构建涵盖全地类要素的标准（规范）体系框架；在方法上统筹地质、水文、土壤、植被、景观、生态、规划等学科，以及遥感与地理信息技术、大数据产业、高端探测装备、自然资源要素综合观测网络等先进手段，建立水、土、气、生物的立体化网络，实现国土空间整治修复中多技术、多种类工程的融合及创新，真正实现由一个主体统一行使所有国土空间用途管制和生态保护修复职责。

应从全域综合视角看待土地退化防治的完整性与连续性，建立涵盖区域全域性和整治内容全面性的全域土地退化综合防治新模式，针对不同的用地类型设立不同尺度下的修复目标，包括以提高生产能力为目标的生产空间退化土地整治、以提升人居环境质量为目标的生活空间退化土地整治、以恢复改善生态环境为目

标的生态空间退化土地整治的目标体系。以土体颗粒和结构重构、土体剖面层级重构、土体生物化学重构、生物营养保障为手段。农用地须构建耕作层 20cm 以上且有水肥气热协调功能、腐殖化、生物化和团聚化特征的有机土体；人居用地须构建有对人居有益生物生存和能消纳城市洪水及污染物的健康有机土体（人地健康的呼吸系统）；生态用地须构建不同区域环境下适应生物繁衍生存和提高生态服务功能的有机土体。三类土体均须满足 0～200cm 土体内无污染障碍。建立以目标需求为依据、质量指标与技术差异化明显的全域土地退化综合防治新模式（图 7-6）。

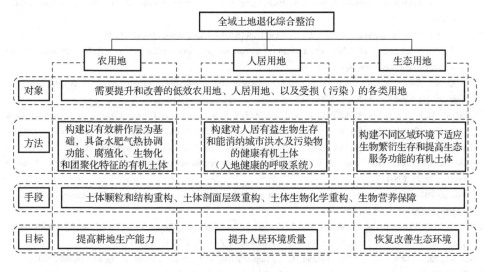

图 7-6　土地退化综合防治工作框架

参 考 文 献

博鳌亚洲论坛, 2020. 亚洲减贫报告 2020: 全球化变动与公共危机影响下的亚洲贫困[R/OL]. https://www.boaoforum.org/u/cms/www/202012/15104258np5k.pdf.

陈睿山, 郭晓娜, 熊波, 等, 2021. 气候变化、土地退化和粮食安全问题: 关联机制与解决途径[J]. 生态学报, 41(7): 2918-2929.

国家统计局, 2020. 农村贫困监测数据[M]. 北京: 中国统计出版社.

国家统计局, 2019. 中华人民共和国 2019 年国民经济和社会发展公报 [R/OL]. (2020-02-28). www.stats.gov.cn/sj/zxfb/202302/t20230203_1900640.html

胡光印, 董治宝, 逯军峰, 等, 2021. 黄河流域沙漠化空间格局与成因[J]. 中国沙漠, 41(4): 213-224.

环境保护部, 国土资源部, 2014. 全国土壤污染调查公报[R/OL]. (2012-04-17). https://www.mee.gov.cn/gkml/sthjbgw/qt/201404/W020140417558995804588.pdf

姜棪峰, 龙花楼, 唐郁婷, 2021. 土地整治与乡村振兴——土地利用多功能性视角[J]. 地理科学进展, 40(3): 487-497.

孔雪松, 王静, 金志丰, 等, 2019. 面向乡村振兴的农村土地整治转型与创新思考[J]. 中国土地科学, 33(5): 95-102.

李芹芳, 潘悦, 周森林, 2019. 我国沙化土地现状及动态变化研究[J]. 林业资源管理, (5): 12-17.

刘彦随, 周扬, 刘继来, 2016. 中国农村贫困化地域分异特征及其精准扶贫策略[J]. 中国科学院院刊, 31(3): 269-278.

张玉玲, 陈梦, 2020. 中国经济增长与土地退化关系研究[J]. 河北地质大学学报, 6(43): 113-118.

中华人民共和国外交部, 2016. 变革我们的世界: 2030 年可持续发展议程[R/OL]. (2016-01-13). https://www.mfa.gov. cn/ziliao_674904/zt_674979/dnzt_674981/qtzt/2030kcxfzyc_686343/zw/201601/t20160113_9279987.shtml

BARBIER E B, HOCHARD J P, 2018. Land degradation and poverty[J]. Nature Sustainability, 1: 623-631.

GE Y, HU S, REN Z P, et al., 2019. Mapping annual land use changes in China's poverty-stricken areas from 2013 to 2018[J]. Remote Sensing of Environment, 232: 111285.

IBRD, 2016. Development Goals in an Era of Demographic Change. Global Monitoring Repot 2015/2016[R/OL]. https://www.worldbank.org/en/publication/global-monitoring-report

IPBES, 2019. Global Assessment Report on Biodiversity and Ecosystem Services[R/OL]. https://ipbes.net/global-assessment.

IPCC, 2019. IPCC Special Report: Climate Change and Land[R/OL]. https://www. ipcc.ch/srccl/.

LIU B Y, XIE Y, LI Z G, et al., 2020. The assessment of soil loss by water erosion in China[J]. International Soil and Water Conservation Research, 8(4): 430-439.

NIU F Q, XIN Z L, SUN D Q, 2021. Urban land use effects of high-speed railway network in China: A spatial spillover perspective[J]. Land Use Policy, 105: 105417.

OLSSON L H, BARBOSA S, BHADWAL A, et al., 2019. IPCC Special Report on Climate Change, Desertification, Land Degradation, Sustainable Land Management, Food Security, and Greenhouse Gas Fluxes in Terrestrial Ecosystems. Land degradation[R/OL]. https://www.ipcc.ch/site/assets/uploads/sites/4/2019/11/07_Chapter-4.pdf.

RAVALLION M, 2013. How long will it take to lift one billion people out of poverty?[J] The World Bank Research Observer, 28(2): 139-158.

TAN M H, 2016. Exploring the relationship between vegetation and dust-storm intensity (DSI)in China[J]. Journal of Geographical Sciences, 26(4): 387-396.

UNCCD, 2019. Transforming our World: The 2030 Agenda for Sustainable Development[R/OL]. https://documents.un. org/doc/undoc/gen/n15/291/88/pdf/n1529188.pdf?token=3DCCZTVnbqY7zPe3fX&fe=true

UNDESA, 2020. The Sustainable Development Goals Report 2020[R/OL]. https://unstats.un.org/sdgs/report/2020/.

UNDP, 2021. The 2021 Global Multidimensional Poverty Index (MPI)[R/OL]. https://hdr.undp.org/content/2021-global-multidimensional-poverty-index-MPI

UNDP, 2023. The 2023 Global Multidimensional Poverty Index (MPI)[R/OL]. https://hdr.undp.org/content/2023-global-multidimensional-poverty-index-MPI.

ZHANG D L, WANG W X, ZHOU W, et al., 2020. The effect on poverty alleviation and income increase of rural land consolidation in different models: A China study[J]. Land Use Policy, 99: 104989.

ZHOU L, XIONG L Y, 2018. Natural topographic controls on the spatial distribution of poverty-stricken counties in China[J]. Applied Geography, 90: 282-292.

ZHOU Y, GUO L Y, LIU Y S, 2019. Land consolidation boosting poverty alleviation in China: Theory and practice[J]. Land Use Policy, 82: 339-348.

第八章　土地退化研究与展望

近年来，我国土地退化零增长取得了积极进展，但尚须认识到我国土地退化面临的形势仍较为严峻。目前，还没有形成土地退化监测、评价、预警、治理等完善的体系，未来应加大科学保护与治理力度，加强土地退化基础理论和科学技术体系研究。同时，发展土地退化学科是加大土地退化防治力度、加快土地退化防治进程的重要环节，对保障全球粮食安全、维护生态安全、实现可持续发展具有重要的意义。

第一节　土地退化研究与学科的发展需求

土地资源是人类赖以生存的最基本条件，人类所有包括政治、经济、文化在内的活动都必须依赖栖息的土地。随着人类活动的加剧和对土地资源的不合理开发利用，大部分土地生态系统面临着人类日益严重的威胁和破坏。我国土地问题突出，水土流失、土地荒漠化、土地污染等生态失调现象使得土地生态服务功能衰退，土地生态系统结构破坏，直接影响社会经济的可持续发展。土地退化已经成为危及人类生存与发展的重大生态问题之一（吴冠岑，2008）。土地退化并不是一种新现象，而是伴随着人类社会发展持续进行的。许多文明古国及古文明的消亡与土地退化密切相关。孕育古埃及文明的尼罗河，河水携带着上游的腐殖质淤泥，沉积形成的肥沃黑土地极适于谷物的栽培。尼罗河上游地区砍伐森林、过度放牧，并在陡坡上开荒种地，导致河流中携带有机质的黏粒土壤持续减少，泥沙增多，土壤不再适合作物生长，难以产出大量的粮食供养众多人口，古埃及文明就此消失。美索不达米亚文明的兴盛得益于底格里斯河和幼发拉底河的冲积平原，苏美尔人兴修水利，修建灌溉设施，造就了一片林木茂密、垄田青翠的绿野，然而千百年来这里战乱频发，烽火迭起，无休止地砍伐林木和过度放牧，使得原沃土最终沦为一片贫瘠之地。起初古希腊的土地非常富有生命力，这片良田造就了古希腊文明的辉煌，但石灰岩土壤中的有机质耗尽，侵蚀加快，致使山坡上表土被冲刷殆尽，裸露出光秃秃的基底石灰岩，山坡再也无法种植庄稼，这就是古希腊文明衰落的原因。古文明因土而兴，因土壤退化而衰，人类文明（尤其是农业文明）的兴起，得益于土地的肥沃和富饶；文明的衰落，则归咎于人类活动导致的土地的贫瘠和荒芜。土地退化已经成为危及全人类生存与发展的重大生态问题，同时已经成为制约我国经济社会可持续发展和人民生活水平提高的主要因素。

土地退化防治是一项复杂的系统工程。土地退化的成因极为复杂，既有自然因素，也有人为因素。土地退化既是生态问题，又是经济问题和社会发展问题，涉及农业、林业、环保、水利、国土资源、科技、财政、规划等有关政府部门，需要中央政府与地方政府之间、部门与部门之间、中方与外方之间的密切配合与协作；采取自然科学和社会科学相结合的方法，紧紧依靠国家完善的法律、政策支持，依靠科学技术强有力的支撑，才能取得良好的治理效果。纵观国内外土地退化防治的研究与实践，在土地退化防治关键技术领域已经取得重大突破并日趋成熟的前提下，土地退化防治的法律与政策等相对滞后，仍然制约着土地退化防治工作。不断完善土地退化防治法律与政策，发展土地退化研究学科，是加大土地退化防治力度、加快土地退化防治进程的重要环节。

我国是世界上土地退化最为严重的国家之一，已经严重制约我国经济社会发展。土地退化主要集中在我国西部干旱、半干旱地区，西部地区的荒漠化面积高达全国的90%，同时水土流失面积占全国80%以上。我国现有土地中称得上土地平整、土层深厚、水分供排良好、土壤肥沃且无明显障碍因素的高产田，不足耕地总面积的1/4。我国农业面临的最严重问题之一是人多、耕地少，未来粮食生产发展的重担主要压在不断提高单位面积产量这一几乎无选择的出路上。依据全国第二次土壤普查资料统计结果，80年代初我国耕地总面积1.325亿 hm^2。按耕地的质量和生产力水平区分，高产耕地占22%，中产地占37%，低产耕地占41%；按地形坡度区分，<8°的平耕地占65%，8°～25°缓坡耕地占30%，>25°陡坡耕地占5%。处于受破坏性因素威胁之中的耕地面积为5290万 hm^2，约占耕地总面积40%，其中处于水土流失的耕地面积占86%，盐化碱化面积占9%，沙化面积占5%，可见破坏性因素中水土流失是主要因素。缺水干旱也是影响我国农业发展的重要限制性因素，根据统计，我国干旱缺水耕地面积4243万 hm^2，占耕地总面积的32%。

国内外研究表明土地退化的严重性和恢复重建的紧迫性，并显示出土地退化是一个世界性的问题，必须引起高度的重视，且应当更加深入地开展研究。土地退化是一个非常综合和复杂的过程，具有时间上的动态性和空间上的分异性，以及高度非线性的特征。土地退化涉及很多研究领域，不仅涉及土壤学、农学、生态学、地理学和环境科学，而且与社会科学、经济学及相关方针政策密切相关。未来对土地退化研究与学科的发展需求有以下几方面。

（1）摸清我国土地退化现状是亟须开展的一项有意义的工作。目前，解决土地退化问题的体制、政策和治理响应，常常是被动和分散的，这也是未能解决土地退化问题的根本原因。已有的关于土地退化的国家、国际政策和治理响应，通常聚焦于减轻已经造成的损害，许多政策在本质上通常是分散的，只是针对特定经济行业具体的、明显的退化驱动因素，没有考虑其他驱动因素。土地退化通常是多因素造成的结果，且土地退化类型多，成因复杂，因此需要统筹协调，多部门协同合作，深入开展我国土地退化现状调查，建立显性退化和隐性退化监测研究网络，对重点区域和在不同尺度水平上的土地退化类型、范围及退化程度进行监测，为退化土地的防治提供现实依据。

（2）关注隐性土地退化，及时采取行动遏制和扭转土地退化。人们普遍对显性土地退化给予了足够的重视，针对各类显性土地退化问题开展了富有成效的科学研究，取得了显著的成果。截至目前，对隐性土地退化还缺乏足够的重视，对发生机理缺乏认知，对危害性认识不足，对发生机理了解不够。隐性土地退化有土体内部紧实化与压板、土内干燥化、土壤酸化、缺素（中微量元素）、盐基饱和度（BS）（钙）下降、生物势下降、连作障碍与果树忌地效应（化感）等，不仅制约着土地的生产力，影响着农业生产成本和土地经营效率，降低农民积极性等，更重要的是隐性退化是显性退化发生的前奏。重视隐性土地退化，采取预防为主、防治结合的策略，应该是今后土地退化主要关注的方向。

（3）加强退化土地评价、利用与改良技术综合研究，对于推动土地工程学科发展具有重要的作用。分析不同退化类型下土地要素、结构、功能、变化机理及土地生态健康影响因素，研发基于土地退化防治需求的山水林田湖草生态系统修复新材料、新技术和新装备，形成退化土地生态恢复重建和土壤质量提升的关键技术。土地整治的对象是未利用、不合理利用、损毁和退化土地，根据山水林田湖草系统治理的要求，土地退化防治工作须兼顾增加耕地数量和提升耕地质量，追求节约集约、生态保护任务。

（4）解决区域差异与尺度问题。土地退化具有明显的区域差异和尺度效应，不同区域和尺度上的土地退化机制和影响因素可能存在差异。因此，需要更好地解决区域差异问题，通过比较研究和综合分析，深入理解不同地理背景、气候条件和土地利用方式对土地退化的影响，提供针对不同区域的精准治理措施。

（5）全球变化背景下的研究。全球变化对土地退化产生了重要的影响，如气候变化、土地利用变化和人口增长等，对土地退化的机理和动态产生了新的挑战。土地退化研究需要与全球变化领域的研究进行跨领域合作，深入研究全球变化与土地退化之间的相互作用机制，为应对全球变化中的土地退化问题提供科学依据。

第二节　土地退化研究的方向和趋势

当前，各种不合理的人类活动引起的土地退化问题，已严重威胁世界农业发展的可持续性。我国土地退化研究虽然在某些方面取得了一定的、有特色的进展，但整体上还处于起步阶段。特别是人为因素诱导的土地退化，其发生机制与演变动态、土地退化指标体系和定量化评价方法、时空分布规律、未来变化预测、恢复重建对策等还没有明确或者形成。因此，今后土地退化的研究工作应从更广和更深的层次上系统综合地开展土地退化综合评价与主要退化类型农业生态系统的重建及恢复研究，并结合气候和环境因素综合研究。

一、土地退化基础理论研究

人类活动是影响土地退化的主动力。土地退化过程实质上是一个长期的、复杂的和综合的动态平衡过程，其变化是通过时间与空间、数量与质量具体表现的。在一定的时间与空间条件下，土地退化与恢复重建过程是对立统一的。因此，土地退化是受一定时间与空间限制的，并且处于动态平衡之中。土地质量的核心是生产力，其基础是土壤肥力（土壤养分），即土地退化的核心是土壤退化，主要表现为土壤肥力退化。可见，土壤肥力退化与恢复重建过程是土地退化与修复重建过程的核心。土地退化与退化土地生态系统恢复重建过程是普遍存在的，只是这种过程在一定时间和不同的土地类型上表现程度不同。因此，人类的任务在于调节土地的退化与退化土地生态系统恢复重建的强度，使其向有利于防治土地退化和提高土壤肥力的方向发展（程水英等，2004）。

20世纪90年代后期，国内外对土地退化基础理论开展了大量的研究，主要成果是1997年出版的《世界荒漠化地图集》和对其他地区土地退化的评价，基础理论包括退化程度、总体退化状态、危险度及对应的指标体系等多方面，理论的核心体现在退化程度和状态的评价上。虽然1984年联合国制订过具有详细量化指标的危险度评价条例，但经过实践发现可操作性差，且多是从速度、趋势、多样性等间接指标反映荒漠化发展的危险性，因此其推广受到了限制。

数十年的研究推动了土地退化理论框架体系的初步形成，进入二十一世纪，在基本成型的体系框架下，更细化和更综合的理论成果相继问世，土地退化的知识更加丰富。目前，关于土地退化的理论、技术体系研究较为薄弱，难以支撑和满足对土地退化过程的认知需求和阻控技术研发的需求，为此建议加大科研投入，利用国家、省部设立的相关重点实验平台，从软硬件多方面开展土地退化问题的科学研究。基于国内外研究现状，总结土地退化基础理论研究的主要内容。

（1）土地退化认知与评价理论包括退化程度、退化状态、危险度及相应的诊断评价指标体系等，核心是对退化程度和状态的评价。世界范围内关于土地退化的评价理论主要有三种，分别是全球人为作用下的土壤退化（GLASOD）、南亚及东南亚人为作用下土壤退化（ASSOD）和俄罗斯科学院提出的评价方法（RUSSIA）。上述理论都是联合国有关机构提出的评价，并在不同的地区进行了土地退化监测实践（许亚军，2007）。GLASOD通过一整套指标体系直接反映气候与人为共同作用下土地退化的现实状态。联合国 1984 年提出的评价方法与 1992 年和 1997 年出版的《世界荒漠化地图集》，对世界和许多地区土地退化的评价都遵循了这一理论。ASSOD 更能揭示退化的实质，即在绝对退化程度相同的条件下，经营与投入水平的高低同相对退化的程度成正比。与前两种主要用土壤退化代表土地退化的单因素评价不同，RUSSIA 属于真正综合的土地退化评价，该方法用多样性的概念将土壤、植被和地形综合起来进行多因素评价。在分别确定植被、土壤和地形退化程度的基础上，按照植被、土壤和地形程度间变异幅度的大小，即多样性的大小，综合进行退化状态的评价，体现了各因子差异退化的思想。差异大，多样性大，总体退化程度低；差异小，多样性小，即景观一致性强，恢复和治理难度大，总体退化程度高（许亚军，2007）。

除上述三种现有理论之外，也有研究将土壤退化的损失进行货币化换算，用经济价值量大小来表征土地退化程度，但还未形成系统的方法体系。土地退化评价理论体系仍未建立，制约着对土地退化问题的全面认知水平。

（2）土地退化评价指标体系的研究。在土壤退化评价指标体系方面，至今尚无统一的国际或国内标准。1997 年 UNEP、FAO 和世界气象组织（World Meteorological Organization，WMO）以人口和牲畜压力作为评价指标，编制了第一幅世界土壤荒漠化地图。1984 年 UNEP、FAO 提出了较全面系统的流水侵蚀评价指标体系，但指标过于繁杂，相互之间又有重叠性，可操作性不强，未被世界各国所采用。

20 世纪 80 年代中期，我国水利电力部颁发了土壤侵蚀类型区划分和强度分级标准，编制了全国和分省土壤侵蚀图，更多地注意到水土流失本身，但在土壤退化及其整治利用方面考虑得不够。土壤学家对于南方红黄壤地区、长江三峡地区、黄土高原和北方农牧交错带土壤退化给予了极大的关注，但是多侧重于土壤本身的退化，建立的指标多为土壤学方面的，指标涵盖的内容不够全面。

（3）土地退化监测与预警系统的科学研究。建立土地退化监测研究网络，对重点区域和在不同尺度水平上的土地退化类型、范围及退化程度及演替过程进行监测和评价，在此基础上逐个进行分类区划，为退化土地的整治提供理论依据；现代遥感（RS）、地理信息系统（GIS）、全球定位系统（GPS）发展，均为土地退化的动态监测提供了强有力的技术支持。

（4）对土地退化过程、机理及影响因素的系统研究。亟待对土地退化（如土壤侵蚀、土壤肥力衰减、土壤酸化、土壤污染及土壤盐渍化等）的发生条件、过程、影响因子（包括自然和社会经济）、相互作用机理进行系统的科学研究。

（5）土地退化动态监测与动态数据库及其管理信息系统的科学研究。这一研究包括土壤退化的监测网点或基准点的选建、3S（GIS、GPS、RS）技术和信息网络尺度转换等现代技术和手段的应用与发展、土壤退化属性数据库和 GIS 图件动态更新、土壤退化趋向的模拟预测与预警等方面的工作。

（6）土地退化与全球变化关系的研究。主要包括土壤退化与水体富营养化、地下水污染、温室气体释放等之间关系的研究；加强对人居生态环境的综合性研究、土地退化与次生灾害关系的研究。

（7）退化土地生态系统的恢复与重建技术体系研究。主要包括运用生态经济学原理及专家系统等技术，研究和开发适用于不同土壤退化类型区、以持续农业为目标的土壤和环境综合整治决策支持系统与优化模式，主要退化生态系统类型土壤质量恢复重建的关键技术及其集成运用的试验示范研究等方面的工作，为土壤退化防治提供决策咨询和示范样板。

（8）土地退化对生产力的影响及经济分析研究。协助政府制订有利于可持续土地利用、防治土地退化的法律及政策。

（9）总结我国土地退化防治工作经验，建立土地退化防治技术标准化规范。

二、土地退化危害性认知研究

保护人类赖以生存的以耕地、林地、草地、湿地和人居社区等为主体的土地资源，实现土地可持续管理，已成为当今人类社会实现可持续发展的首要任务之一。人口增加、经济发展与资源短缺依然是土地退化防治面临的巨大压力。21 世纪以来，人口急剧增长和经济快速发展给土地资源与生态环境带来的双重压力日趋加剧。世界著名经济学家安格斯·麦迪森研究证明，在已经过去的千年中，世界人口增长了 22 倍，人均收入提高了 13 倍，GDP 总量提高了近 300 倍。再此前的那个千年，世界人口仅增长了 1/6，人均收入没有提高。1000～1820 年，世界人均收入仅提高了 50%，人口仅增长了 4 倍。相比之下，1820～2001 年世界人均收入提高了 8 倍以上，人口增长了 5 倍以上。在此期间，世界耕地从 19 世纪初的 4.5 亿 hm^2 扩大到 15 亿 hm^2，必然加速毁林造田、过度放牧、无序开发、污染物排放等，给土地资源保护和土地退化防治带来巨大压力。

当前，发展中国家正在大力发展经济，新兴经济体已成为拉动全球经济复苏的重要力量。由于多数发展中国家，特别是地处干旱、半干旱地区的非洲、中亚等国家，尚未摆脱粗放型发展模式，过多地依赖大量消耗土地等各种资源，以赢得经济增长，进而加大了土地退化危害程度和防治难度。人类活动和气候变化等多因素交织，给土地退化防治带来了新挑战。气候变化是迄今为止人类面临的最为严峻的环境问题和最为复杂的全球性挑战。根据 IPCC 第 4 次科学评估报告，地球气候正经历着以全球变暖、降水格局改变和极端气候事件频发为主要特征的显著变化。全球地表平均温度上升了 0.74℃，预计到 2100 年将升高 1.1～6.4℃。2018 年，IPCC《全球升温 1.5℃特别报告》中强调，温升超过 1.5℃会给自然系统和人类社会造成难以逆转的损害，全球 22%的地区面临严重的洪涝灾害、干旱和极端气候事件冲击，近 100 万种物种濒临灭绝。实现温升不超过 1.5℃ 的目标需要全球碳排放量到 2030 年比 2010 年减少 45%，2050 年实现"净零排放"。气候变化造成全球土地退化速率加快，尤其是连续干旱与洪水风暴等极端气候事件频发，导致生态系统更为脆弱，土地生产能力极度下降。伴随着气候变化，干旱不仅会在新的地区出现，而且会使得原本就易受干旱威胁的地区遭遇土地退化危害更为频繁、更为严重（江泽慧，2012）。

土地退化加剧气候变化，土地肩负着适应和减缓气候变化的双重挑战。土地退化将影响气候系统的变化，而气候变化反过来又会以各种方式加剧土地退化和荒漠化，气候变化造成极端灾害趋强趋频，给土地退化和粮食安全带来诸多挑战。未来人口增长、经济发展、消费升级将对土地形成更大需求，引发一系列的气候风险（黄磊等，2020）。

气候变暖会造成全球水循环加剧，从而导致区域极端降水事件的变化。干旱受降水、温度、风速和土壤湿度等多种因素影响，又涉及多种不同定义（如气象干旱、水文干旱、农业干旱等），在全球尺度上对于干旱事件长期变化趋势的判别还比较困难。在区域尺度上，干旱事件频率和强度的增加还是较为明显的，气候变化及极端事件频率和强度的增加，对陆地生态系统功能造成了不利影响，并加速了许多地区的荒漠化和土地退化进程，进而影响了粮食安全。在人类活动和气候变化影响下，过去几十年中一些干旱地区的荒漠化范围和强度有所增加。由于地理区域的限制，荒漠化与干旱的频率、强度和持续时间有着密切联系。干旱本身并不是一种土地退化，因为土地的生产力有可能会在干旱结束之后完全恢复。在干旱地区，当干旱的频率、强度和持续时间增加到超越生态系统的恢复力时，就可能造成荒漠化（黄萌田等，2020）。

土地退化防治要有新理念。可持续土地管理遵循社会经济和生态环境相结合的原则，将政策、技术和各种活动结合起来，以同时达到提高产出、减少生产风险、保护自然资源和防治土地退化的目的，采取经济上有活力又能被社会接受的土地管理方式，最终目的是提高土地生态系统服务功能，满足人口持续增长所需的生活资料、生产资料和生存环境。随着全球气候变化对自然系统影响加深、人口增长对自然资源压力加大、社会发展对绿色空间需求增加，过去着眼于单一土地资源的管理方式难以适应土地退化防治的新需求。因此，提出一个新的理念，即在土地退化防治中引入"可持续景观管理"（SLSM）的理念。该理念旨在从土地整体景观要素而不是某个具体、局部的土地利用类型出发，借助多学科知识，协调部门内部、多个部门之间的各种关系，在多尺度上规划土地景观系统各要素，高效配置土地资源、水资源与生物资源，优化经济、社会和环境目标，找出利益冲突和目标权衡的解决方案，使得土地利用者的权益、生态系统服务的受益者和未来对土地资源、景观系统的多目标需求得到持续保障（江泽慧，2012）。

土地退化防治要与增强经济活力和消除贫困相结合。土地退化是一个跨越国界、生态区和社会经济层面的全球性挑战问题，特别是在非洲、最不发达国家和内陆发展中国家，挑战尤为严峻，将导致粮食安全无保障、人口无序迁移、健康恶化、经济发展缓慢等多种问题。由于贫困，没有资源和资金投入土地退化防治，加上不合理的土地利用方式，土地生产力将进一步下降，从而陷入"退化—贫困—再退化—再贫困"恶性循环的漩涡之中。为了摆脱和减轻这种现象再度发生，建议将土地退化防治与增强经济活力、消除贫困紧密结合起来，以实现可持续发展。

土地退化防治要与气候变化和生物多样性保护相结合。在全球气候变化背景下，土地退化受到多种因素的交织影响，同时对各种因素产生反作用。例如，气候变化可能进一步加剧土地退化、干旱和半干旱区域扩大。土地退化削弱了生物之间进行物质能量交换的基础，从而导致生物多样性丧失，生态系统功能下降，增加了向大气排放温室气体的机会，降低了减缓和适应气候变化的能力。通过生物多样性保护，可以直接减缓或遏止土地退化，增加对大气碳的吸收和存储。由于土地退化、气候变化和生物多样性相互交织影响，在土地退化防治过程中必须站在更加广域的视野，通过可持续管理方式将生物多样性保护和气候变化融入其中，实现共同惠益。在可持续景观管理中统筹兼顾生物多样性的价值、碳固存和土地退化防治，可以提高生态系统服务，增强减缓和适应气候变化的能力，同时，需要评估减缓或适应气候变化可能对生物多样性、防治土地退化和水资源管理工作产生的不利影响。

三、土地退化的监测与预警系统研究

土地退化的监测与预警是随着遥感、地理信息系统、全球定位系统技术的发展不断前进的。20世纪80年代，国内外利用遥感对土地退化的监测与预警主要处于目视解译阶段，即通过室内判读航片卫片与编绘荒漠化草图，结合野外关键地带路线考察最终成图。90年代，土地退化评价中专题绘图仪（TM）、多光谱扫描仪（MSS）、法国地球观测系统（SPOT）、美国国家海洋和大气管理局（NOAA）多种时空分辨率遥感数据开始融合，遥感图像处理软件ERDAS、ENVI同一些GIS软件，如ArcGIS、PCI、MGE也逐步集成使用。相应地，基于3S（RS、GIS、GPS）的评价和监测的技术路线应运而生。基于3S的评价和监测的技术路线，是先进、完善且实用的技术方法，即利用研究区域的RS信息、GIS数据源等资料进行分类分级，在专家意见的帮助下，进一步修正评价结果，经过多次GPS的野外实验校验，不断提高评价精度，并在此基础上构建基于3S普遍适用的土地退化评判模型。

土地退化监测预警的实践方法，在各种理论和技术取得进步后才迎来了长足

且飞速的发展。在 20 世纪关于土地退化的调查工作中，尽管出现了基于遥感卫星影像的目视解译和人机交互解译技术，但全球范围内地面常规监测方法依然是该时段的主要方法。调查人员实地考察区域的地形地貌特征，以其为监测要素来完成对土地退化程度的判断。为了规范实地调查的严谨性，学者利用数学方法建立了土地退化实地判识的量化模型，包括基于欧式距离的土地退化指标综合计算、基于比值法的土地退化度计算及基于综合指数法的沙漠化程度计算等一系列方法。相较于调查人员的单一知识经验判定，依托数学方法获取的定量评价结果更详尽科学，但实地调查的方法终究还是无法突破时效、空间和人力的限制。进入 21 世纪，对地观测技术和计算机技术的进步，使得基于遥感技术的土地退化监测方法成为研究相关问题的首选技术，在世界范围内广泛使用。常见的方法有目视解译法、计算机自动分类法、植被指数法和光谱混合分析法等。目视解译法以解译标志作为桥梁，串联实地调查和遥感影像，在影像上目视判识和绘出退化区域。该方法需要实操人员具备一定程度的解译经验，主观性强（刘旭，2020）。

具体而言，在干旱、半干旱区，TM 影像数据与线形光谱混合模型（LMSS）结合使用，分离差异较大的组分，快速有效地评价退化状况；采用 Cs 示踪分析法研究风蚀区的土地退化，丰富了风蚀区土地退化研究的理论与方法；采用特征交异增强法对融合前的数据进行特征增强，克服了遥感影集自动解译中信息源不足的问题；植被指数法依托植被生长对气象、环境等要素变化有较强敏感性的特征，通过对植被生长状况的判识来完成土地退化的监测，常用的植被指数包含归一化植被指数（normalized difference vegetation index，NDVI）、叶面积指数（leaf area index，LAI）、植被净初级生产量（net primary production，NPP）等；光谱混合分析法将遥感影像的混合像元进行分解以获取基本组分端元，建立各组分端元光谱与地物之间的对应模型。

总体看来，一方面土地退化理论体系和研究方法有待于进一步深入和完善，缺乏对土地退化的动态分析；另一方面预警研究的发展历史较长，取得的成果相当丰富，发挥的效益为世人瞩目，基础的理论不断丰富，方法应用领域不断拓展。预警理论和方法研究在土地退化方面的应用，还是一个需要进一步发展的课题（刘旭，2020）。

在全球变化和人类活动干扰强度不断加剧的情况下，更深层次评价、预警、调控等及更广层面不同尺度和类型生态环境系统的土地退化预警有待研究。将景观生态学理论及与之相关的空间异质性理论、空间尺度理论与土地退化研究相结合，构建不同尺度的土地退化分析指标体系，确定退化等级标准，将数理模型与 3S 技术相结合，构建土地退化评价模型，研究并开发区域尺度上兼备评价、预测与预警功能的土地退化模型等都是土地退化研究未来发展的方向，将 3S 技术对自然社会经济要素的识别、分析和分类整合到土地退化监测和预警系统中。

预警研究的理论和方法较为成熟，应用领域也不断拓展，但在土地退化方面的应用还有宽广的应用前景。现阶段的研究多集中于土地退化相关的单一生态问题，如荒漠化、盐渍化、耕地数量变化等的预警研究及土地可持续利用预警方面，对于整个土地生态系统安全预警的研究探讨刚刚开始，对于土地生态系统是否安全、退化何时出现、范围多大、危害多严重、如何调控等一系列问题了解甚少。因此，研究时不仅应借鉴经济和灾害预警系统等已有成熟的理论，而且应侧重于具有专业特色的土地退化预警研究，不仅要进行单项指标的研究，而且应侧重于研究综合指数等进行综合性预警。

土地退化已经成为危及人类生存及阻碍农业可持续发展的一项重要问题，引起了世界各国的广泛关注。因此，开展有效的土地退化监测与预警工作是制订国土资源规划及有效治理退化土地的科学基础。土地退化的监测预警在最近十年发展迅速，从最初气候及土壤等导致土地退化的影响因素研究，到当前评价指标选择及方法的应用改进等。众多专家学者纷纷从各自不同的角度提出了土地退化的监测、评价指标与评价标准。我国的研究最初主要集中在荒漠化评价指标上，后逐渐拓展到各种土地退化类型上，指标选择也由最初的一些定性、概括性指标向定量化、具体化发展。监测和评价的指标更加全面，不仅考虑到气候、土壤等自然因素指标，还考虑到社会经济等方面的指标（吴冠岑，2008）。

土地退化反映了土地资源的质量状况，同时是土地资源是否能持续利用的重要指标。我国的土地资源具有面积广阔及类型众多等特点，在有限的技术手段下，很难获取土地资源的整体信息，这在很大程度上影响了决策的科学性。因此，遥感、全球定位系统技术及地理信息系统等现代网络信息化手段，是未来实现快速、动态和实时监测土地退化状况的重要手段。土地退化监测与预警系统的研究主要包括土地退化监测网点或基准点的选建、3S技术的应用与发展、信息网络和尺度转换、土地退化属性数据库和GIS图件及其动态更新，运用一系列现代技术和手段对重点区域和国家在不同尺度水平上的土地退化类型范围及程度进行监测评价。同时，开展土地退化趋向的模拟预测与预警等方面的工作，并进行分类区划，为不同区域、不同类型、不同退化程度的退化土地整治提供依据。

四、土地退化指标评价体系研究

土地退化的实质是特定空间内土地质量随时间的演变，这是一个相对概念，即相对于某一时刻土地性状发生的变化，来判定是否发生土地退化及退化程度。比较理想的研究土地退化程度的方法是参照某一特定历史时期的土地性状，来确定待评价土地的退化程度。在土地生态环境比较脆弱的地区，由于人为影响极大，很难找到可以作为参照的无退化或退化程度不明显的样地。土地退化评价体系的核心是对退化程度进行评价，众多专家学者构建了土地退化程度评价的模型。传统基于数量分析的评价模型未能对土地退化程度的空间特征进行分析，有研究采用景观格局指数对传统模型进行了改进。王秋兵等（2004）提出参照适合区域自然条件稳定生态系统的土地类型，研究自然或人为因素影响的生态系统演替后各个土地类型的变化，以所处的不同土地生态系统演替阶段来反映土地退化程度。该方法方便快捷，而且相对比较准确。随着定量化的深入研究，在对退化程度进行综合评价过程中广泛应用了多因素综合指数及逻辑回归模型等，也有学者结合3S技术进行了系统化评价，从而进一步提高了评价的时效性及精确性。

在土地退化评价指标体系方面，至今尚无统一而实用的标准。1977年UNEP、FAO和WMO以人口和牲畜压力作为评价指标，编制了第一幅世界荒漠化地图。1992年UNEP编制的全球流水侵蚀程度图，其部分指标也存在与前者类似的问题。

土地退化评价方法主要有两种：一种是运用图像处理软件，通过监督与非监督分类直接划分类型和程度；另一种是选择几个基于RS、GIS的指标，给定不同的权重通过综合来得出结果。阿根廷对荒漠化状态的评估完全基于遥感并利用图像处理系统完成，代表了目前该领域方法的新趋势，提出了一套新的评价思路。该方法用NOAA AVHRR LAC（大区域覆盖）资料建立了一个与草原生态系统物候相适应的主影像系列，作为镶嵌不同时代影像资料的标准，然后结合野外调查与精度较高的MSS影像，直接通过监督与非监督分类确定荒漠化的状态类型。土地退化的评价体系研究，主要包括用于评价不同土地退化类型的单项和综合评价指标、分级标准、阈值和弹性，以及弹性定量化的和综合的评价方法与评价模型等。

在土壤退化评价指标体系方面，国际或国内尚无统一的土地退化评价指标体系。加强对土地退化评价指标体系研究，建立全面的评价指标体系，有利于土地退化防治及土地整治利用。针对土地退化的发生条件、过程、影响因子及相互作用机理系统的研究，分析退化类型、退化程度、退化状态、潜在风险及相应的诊断评价指标体系，核心是对退化程度和状态的评价，形成土地退化理论体系。在以人为本的基础上，进一步优化国土空间布局，加强土地退化受损的山水林田湖草沙生态系统修复技术研发，以打造宜居生活空间、宜业生产空间为目标，开展土地退化防治工作。对于已退化的土地，须充分结合区域环境、地理条件，开展土壤质量恢复重建的关键技术及其集成运用的试验示范研究等方面的工作，为土地退化防治提供决策咨询和示范样板。

五、土地退化防治与气候变化关系研究

受气候变化影响，我国面临土地质量退化、生态系统退化、极端气候事件频发、重污染天气加重和水资源短缺问题等，人民群众对优美生态环境的需求与生态环境质量总体不佳的矛盾十分突出，亟须协同推动绿色低碳发展与生态环境高

水平保护，将积极应对气候变化作为改善生态环境质量、缓解资源环境约束的重要途径（黄磊等，2020；黄萌田等，2020）。

全球土地中度至高度退化现象逐渐加剧，并且在全球变暖导致极端天气事件越发频繁、影响程度越发强烈、影响范围越发广泛的背景下，未来气候变化将进一步加剧土地退化，影响粮食安全，威胁生物多样性和水资源。

气候变化造成的影响，与人类破坏森林、过度放牧、盲目开垦及不合理土地利用等产生的叠加效应，使得全球尤其是干旱、半干旱地区土地退化防治面临更加严峻的挑战。2010 年 8 月 16 日，联合国在巴西正式启动"联合国荒漠及防治荒漠化 10 年计划（2010—2020 年）"（10 年计划），以进一步提高世界对荒漠化、土地退化和旱灾对可持续发展及脱贫进程威胁的认识。联合国原秘书长潘基文发表声明指出，土地的不断退化不但对粮食安全构成威胁，在最受影响的地区引起饥荒，而且还正窃取着世界上其他富饶肥沃的土地，承诺加强保护土地的努力，实现千年发展目标并保证人类福祉。同时，根据联合国环境规划署（UNEP）公布的数字，过度的人类活动及气候变化导致占全球面积 41%的干旱地区土地不断退化，全球荒漠面积逐渐扩大。全球有 110 多个国家或地区、10 亿多人口正遭受土地荒漠化的威胁，其中 1.35 亿人面临流离失所的危险。全球每年土地荒漠化造成的经济损失超过 420 亿美元，可见在气候变化和人类扰动等多因素交织的背景下，全球土地退化防治面临着新的、更加严峻的挑战。

气候变化与当今世界面临的其他诸多生态环境问题交织在一起，尤以与土地退化之间的相互影响和作用最为密切。干旱地区脆弱的生态系统对气候变化有着极高的敏感性。一方面，气候变化引起的全球增温效应加剧了旱涝灾害，特别是使干旱、半干旱地区降水量减少、蒸发量增加，造成干旱和土地荒漠化日趋严重，大大降低了自然生态系统的碳固定能力和生物多样性水平；另一方面，土地退化又直接威胁或削弱了陆地生态系统功能，引起碳排放，加剧了全球气候变化（江泽慧，2003）。

我国是土地退化严重的国家之一，2009 年底全国荒漠化面积达 262.37 万 km^2，占国土总面积的 27.33%，沙化土地面积 173.11 万 km^2，约占国土面积的 18.03%。其中，95%以上的荒漠化与沙化土地分布在新疆、内蒙古、青海、甘肃、陕西、宁夏 6 个省（自治区）。土地退化影响西部地区生态环境，严重影响着区域经济社会的可持续发展和占全国 1/4 人口的生计。被誉为地球"第三极"的青藏高原是世界上最高大、地形最复杂的高原生态系统，也是研究地球动力学和全球气候变化的天然实验室。素有"中华水塔"美誉的三江源，当之无愧地成为我国的江河之源、生命之源，也是整个流域经济社会发展的财富之源、动力之源。根据青海省气象局监测显示，在 1961～2008 年的 47 年中，青海省升温率为每 10 年 0.35℃，明显高于全球每 10 年 0.13℃和全国每 10 年 0.16℃的升温率。同样，西藏的气象资料表明其呈变暖趋势，1961～2002 年来青藏高原中东部每 10 年升温 0.26℃，同样高于全球和全国的平均升温率。由此产生雪线上升、草场退化、荒漠化东进、生物多样性减少等一系列生态问题。

六、土地退化生态系统恢复与重建研究

国内外对土地退化的恢复与重建都非常重视，并进行了大量的研究。1971 年 FAO 首次提出"土地退化"概念并出版了《土地退化》一书以来，土地退化问题日益受到人们的关注。生态恢复与重建是指根据生态学原理，通过一定的生物、生态以及工程的技术与方法，人为地改变和切断生态系统退化的主导因子或过程，调整、配置和优化系统内部与外界物质、能量和信息的流动过程及时空秩序，使生态系统的结构、功能和生态学潜力尽快成功恢复到一定的或原有的乃至更高的水平。

（一）土地退化生态系统恢复与重建的研究方向

（1）着重治理突出生态环境问题。加强防沙治沙与荒漠化综合治理，开展天然草原保护修复，实施草原"三化"（退化、沙化和盐渍化）治理，推进江河源区沙化土地综合治理，加大防护林体系建设力度。加强水土流失与石漠化综合治理，有序实施退耕还林还草，在水土流失严重区域开展以小流域为单元的山水田林路综合治理，加强坡耕地、侵蚀沟及崩岗的综合整治，实施石漠化综合整治工程。开展水生态修复，因地制宜推进退耕还河还湖还湿，防治水污染，加强天然湿地保护修复。

（2）稳妥推进农业空间生态修复。结合农用地整治和生态保护修复工程，针对性消除农田土壤障碍因素，开展农田半自然生境和生物多样性保护修复，加强农田生态基础设施建设；实施农田污染防治，综合运用调整种植结构、生物移除等措施，加强土壤污染治理与修复；在资源环境承载力弱、耕地高强度利用地区，建立耕地休耕轮作制度，降低土地利用强度。

（3）大力开展城镇空间生态修复。根据城镇山体受损情况，因地制宜采取工程措施消除安全隐患，恢复自然形态。落实海绵城市建设理念，开展江河、湖泊、湿地等水体生态修复。综合运用多种适宜技术改良废弃场地土壤，消除安全隐患，重建自然生态。推进绿廊、绿环、绿楔、绿心等绿地建设，构建完整连贯的城乡绿地系统，完善蓝绿交织、亲近自然的生态网络，促进水利工程、市政工程生态化。加强地质灾害综合防治，实施城市地质安全防治工程，开展地面沉降、地面塌陷和地裂缝治理，提升城市韧性。保持城镇特色风貌，腾退、低效、留白空间，优先用于生态修复。

（4）有序推进矿区生态修复。开展矿山地质环境恢复和综合治理，加强历史

遗留矿山综合整治，推进工矿废弃地复垦利用，强化矿山废污水和固体废弃物污染治理，合理开展矿山生态重建，促进矿区生态系统功能逐步恢复和增强。进一步完善分地区、分行业绿色矿山建设标准体系，全面推进绿色矿山建设，在资源相对富集、矿山分布相对集中的地区，加快建成一批布局合理、集约高效、生态优良、矿地和谐的绿色矿业发展示范区，引领矿业转型升级，实现资源开发利用、经济社会发展与生态文明建设相协调。

（5）积极实施海洋生态修复。实施海岸线整治修复，开展滨海湿地生态修复，推进退围还海还滩、堤坝拆除，加强候鸟迁徙重要栖息地保护恢复，加强外来入侵物种防治，恢复退化盐沼湿地。实施河口整治修复，恢复流域-河口水文连通性，保障河口生态需水，改善和恢复河口生境条件。实施海湾综合整治修复，改善海湾生境，加强海洋珍稀濒危动物栖息地的保护修复，加强赤潮、绿潮等生态灾害防治。实施海岛整治修复，开展重点海岛的岛体地貌稳定性修复。加强红树林和珊瑚礁生态系统保护修复。

（二）不同的退化生态系统重建技术

生态恢复过程一般由人工设计并在生态系统层次上进行的。生态系统恢复与重建的核心和最关键的问题是植被恢复与重建。植被恢复是重建生态系统的第一步，是以人工手段促进植被在短时期内得以恢复，但不同退化生态系统的技术与步骤是不同的。

（1）极度退化生态系统的恢复与重建。极度退化生态系统的特点是土地极度贫瘠，理化结构也很差。这类生态系统总伴随着严重的水土流失，每年反复的土壤侵蚀更加剧了生境的恶化，因此极度退化生态系统是无法在自然条件下进行植被恢复的。对于极度退化生态系统的整治，首先要控制水土流失，采取工程措施和生物措施相结合的方法。工程措施主要是开截流沟、修建谷坊、削坡升级工程和拦沙坝工程；生物措施是因地制宜选用合适的植物，人工造林种草，这是一项治本的工作。生物措施与工程措施密切配合，可以相互取长补短，有效地起到控制水土流失的作用，在此基础上再进行植被的重建。对极度退化生态系统的重建及综合研究，针对性地分阶段进行综合治理和研究是很必要的。早期适宜的先锋植物种类对退化生态系统的生境治理具有重要的作用，在后期进行多种群的生态系统构建时，更要注意构建种类的选取（戢建华等，2010）。

（2）次生林地生态系统的恢复与重建。次生林地生态系统的生境一般较好，或植被刚破坏而土壤尚未破坏，或次生裸地但已有林木生长，因此其恢复的步骤按演替规律，人为促进顺行演替的发展。可采取封山育林、林分改造和透光抚育等措施来促进其恢复与重建。

（3）废矿地生态系统的恢复与重建。矿山废弃地生态系统恢复与重建的关键问题是土壤基质改良，为植物的生长和发育创造环境条件。自然界中存在对废弃地极端环境具有适应性的一些先锋植物种类，能同时改善大气、水体和土壤的环境质量。研究植物生长特性，筛选出适宜的先锋植物，对于矿山废弃地的植被恢复与重建具有重要意义。另外，土壤微生物和动物的生命活动及其代谢产物对土壤理化性质改善和土壤肥力的提高等方面有着重要作用，研究土壤微生物和动物的功能特性也是矿山废弃地生态系统恢复与重建的重要研究课题。土壤与植被是一种相互依赖和制约的关系，并随着植物群落的演替而发生变化。在土壤-植被系统中，两者的关系复杂且同时受到其他多种环境因子的影响。土壤与植被相互影响机制和演替规律尚不明确，需要对矿山废弃地的植被恢复与重建开展长期定位监测研究，才能了解恢复过程中土壤与植物群落的演替规律与作用机制，为矿山废弃地生态系统恢复与重建提供科学依据。植被类型影响着植物群落特征和土壤基质改良效果，不同植物恢复模式产生的恢复效果存在差异，需要通过长期监测植被恢复情况，综合评价不同植物配置模式的植被恢复效果，才能筛选出矿山废弃地适宜的植物种类和恢复效果显著的植物配置模式，加快生态系统恢复与重建的进程（彭东海，2021）。

（4）西部黄土高原退化生态系统恢复与重建。黄土高原退化生态系统的恢复与重建可从以下三点展开研究。首先是生物措施。水分问题是西部黄土高原生态系统恢复过程中的一个重要问题，本区水分问题的解决最终得依靠生物措施的正确实施。以生物措施为本，改善土壤水分状况。若无人为影响，在有足够植物尤其是草本植物生长的保护下，按黄土高原现有的降水状况，任何降水都会顺利下渗，不会产生径流。对于以超渗流侵蚀为主的黄土高原而言，水土流失是极弱的。人工造林是最主要的生物措施，可根据土壤环境选择适宜的耐瘠薄干旱树种、喜阴耐湿树种、耐盐碱树种和喜酸性土树种，并以工程措施、农艺措施及生化措施为辅。这里所说的工程措施、农艺措施即水土保持工作中的工程措施、农艺措施。通常用于水土保持的生化措施有使用保水剂、土壤蒸发抑制剂、土壤结构改良剂及菌根生物技术。其次，采用人工模拟天然生态系统，促进系统内部高度和谐，退化生态系统的恢复与重建关键在于植被的恢复（王芳等，2015）。在植被的恢复与重建过程中，为建造一个生物与环境相和谐的生态系统，可以选取一个与恢复区环境特征相近的发育良好的天然生态系统，模拟其结构，包括群落中各层的物种组成、种群的分布格局，甚至个体和物种的数量比例等，进行全面模拟。对于黄土高原区的模拟样板，可在水热条件较好的黄土高原暖温带湿润、半湿润森林区和暖温带半湿润、半干旱森林草原区，选取发育较好的落叶阔叶林与针叶林森林生态系统，对其进行模拟。在中温带半干旱典型草原区，中温带干旱、半干旱荒漠草原区，中温带干旱草原化荒漠区，模拟与该生物气候区对应的典型草原与灌丛生态系统。最后，重建先锋物种，减少人为干扰，促进生态系统的进展演替。

对于一个退化的生态系统，先锋树种是能够被利用的种质资源，把这些天然物种加以引种、栽种，从而奠定该区生态系统演替的先锋群落，并尽可能减少人为干扰，促进生态系统的进展演替。这样不但可以解决该区造林树种选择难的问题，还可以使生态的恢复更符合生物学的规律。在黄土高原各个生物气候区的物种都可以利用，但在中温带干旱、半干旱荒漠草原区和中温带干旱草原化荒漠区，由于目前的生态条件较差，须特别注意先锋物种的构建。

恢复生态学的研究只有几十年的历史，在理论和方法上还不够成熟，应加强对不同退化生态系统的案例研究，建立一套包括系统辨识、规划设计、恢复重建、效益评价的专家系统，实现恢复重建工作的系统化、规范化。同时，要特别加强对退化生态系统的恢复与重建技术的研究，以满足不同退化生态系统恢复与重建的需要。在此基础上，对一些成功的恢复与重建模式进行示范和推广研究，并进一步加强后续的动态监测、预测和评价研究，促进我国退化生态系统的恢复与重建工作更好地开展。

七、土地退化防治政策保障体系研究

在全球变化背景下，土地退化防治工作并非单纯的土地问题，而是涉及社区发展、土地利用、消除贫困、生物多样性保护等农业、林业和环境多部门、跨领域和跨管理层的问题。政策是土地退化治理工作的根本，因此迫切需要采取创新的土地退化防治理论、思路和实践，建立适合我国土地退化现状的政策保障体系。

（1）整合资源，形成新的退化土地资源治理和监管格局。土地退化是改善生态环境与发展经济必须解决的重要问题。土地退化治理问题绝不是仅靠某个政府部门的某项工程就能解决，必须依靠各部门的联合协作。考虑到国家农、林、水、环保、国土等部门都涉及土地退化防治，政策制订存在职责不清、目标分散、效率不高、区域缺乏协调机制等问题。将土地资源管理与监管职能区分，重点解决荒漠化与石漠化治理、水土流失、土壤污染、资源保护与防治、生物多样性保护与保护区管理等领域职能交叉问题，确保土地资源管理职能与监管职能相分离（王鹏等，2021）。国家林业和草原局、自然资源部、农业农村部、生态环境部、水利部五大部委及国家乡村振兴局、国家农业综合开发办公室都对土地退化治理负有相关职责，建议在上述七个部门的基础上组建土地退化防治执行委员会决策层，区分职责，构建符合新时代要求的土地退化防治体系。

（2）完善土地退化治理的法律法规。通过制定土地退化治理法律法规，为土地退化防治规划提供法律支持，对违法行为进行处罚和制裁，从而加强土地资源各利益方对土地退化防治的重视。只有制定出一套完善的法律法规，才能够将各类土地资源进行统一管理，包括水资源、农业、畜牧业及林业等。此外，还应在费用方面进行立法，如减免土地使用费等，这些均能够提高土地的利用率。对于已经发生退化的土地来说，上述的减税扶持效果甚微。因此，我国应该提出更为丰富的积极鼓励政策，如扩展土地退化补助基金、增加各类资金的来源、对各类土地退化防治进行财政补贴等（谭淑豪等，2001）。

（3）严格控制耕地的非农转用。加强土地管理力度，依法保护耕地；科学制订城市规划，处理好城市发展与区域发展、城市发展与耕地保护、旧城区改造与新城区扩展之间的关系；通过制订和实施乡村建设规划及挖掘旧村土地利用潜力，严格控制乡村建房用地，加强"投资区"和"工业小区"用地管理。此外，对农业结构调整转用耕地要经过充分论证，切忌一哄而上地在耕地上挖鱼塘、改果园。此种方式下耕地的转用虽然可逆，但难度不小。

（4）改革经济政策，促进耕地肥力提升。绿肥是非常重要的养地作物，但耕地肥力的培育是长期的、劳动耗费型投资。在现行耕地频繁调整、土地使用权缺乏安全及细碎零散的经营格局下，农户很难产生向耕地进行长期保护性投资的激励。加之农业价格不合理（产出价格低、投入价格高），农业的比较优势弱，农户忽视对地力的维持甚至抛荒，转而从事非农的行为就在情理之中。要扭转这种状况，就必须改革经济政策，如稳定土地使用权安全、调整农业价格及尽可能消除土地过于细碎化经营等，以增大农户绿肥种植等土壤保护性投资的可能性，这是促使农户培肥地力的最有效途径（谭淑豪等，2001）。

（5）防治水土流失。针对我国水土流失的特点和趋势，水土流失的防治应从两个方面进行。一是防治非农活动引起的水土流失，这要求将水土保持纳入公路和铁路修建、矿山开采、农业综合项目开发的可行性评估，并遵循土壤侵蚀"谁引起，谁治理"的原则，以防止此类活动造成水土流失和由此导致的耕地淤埋。二是制订某些经济政策（如延长土地使用期、调整农产品价格等）和采取一定的技术措施，引导农户在易于流失的坡地上种植合适的作物以减轻土壤的侵蚀。

（6）严格控制耕地污染。耕地土壤的污染主要来自两个方面：一是农药、农膜等农业化学物质在土壤中的残留；二是工业企业向耕地排污。为此，可通过某些政策或技术促使农民少用有害农业化学物质，同时应严格对工业企业进行环境管理，防止排放物对耕地土壤的污染。工业企业造成的土壤污染往往面广、量大且难于治理。耕地土壤经污染后，恢复土壤原状的成本很高，有的甚至在现有技术水平下尚不可能恢复，因此其潜在的危害性较大。农户的监督、政府强有力的经济政策及企业的自律行为将有助于此类耕地污染状况的改善。

（7）土地可持续管理的机制创新。在我国西部土地退化防治过程中，突出土地退化防治政策与机制创新。建立多目标管理、多部门参与、全方位互动的统筹协调机制，"政府引导、企业参与、社会支持、农民受益"的公私伙伴关系合作模式，"公司+基地+农民专业合作社"的市场运作机制，基于生态、经济、社会效率的土地退化防治成本效益机制，完善生态补偿、乡村振兴开发等政策保障支持。

这些新机制将为政府决策、企业和社会广泛融入及农牧民参与式管理提供理论依据和智力支持。

（8）自下而上、自上而下的双向联动方法创新。为保证我国土地退化防治的成功实践，应始终坚持将全球战略、国家目标与社区发展、农民利益紧密结合起来，坚持顶层设计和自上而下的政策规划。采取以农牧民为核心，以改善生计为内容，参与式引导的自下而上方法，增强农牧民和社区资源参与、自主决策、自求发展的能力，激发农牧民参与土地退化防治的热情。同时，在实践过程中还应特别注意激励政府管理人员、专家技术人员与社区和示范农户之间的双向互动与有效连接，为政策、技术、方法修订提供支撑，尊重不同利益相关者的利益诉求，实现西部土地退化防治的双向联动方法创新。

总之，要从改变人们的思想观念、生产方式和生活方式入手，共同探索出一条既有利于减缓和适应气候变化、改善生态环境、增强经济活力，又能从根本上消除贫困的可持续土地管理之路。生态环境建设是一项长期且复杂的系统工程，迫切需要建立并完善一套完整且能延续的政策体系，确保实现生态重建的最终目标；从政策上对导致土地退化和贫困恶性循环的经济和社会因素加以改造，同时需要发达地区和欠发达地区的共同努力，其实质是可持续发展能力的建设。

参 考 文 献

程水英, 李团胜, 2004. 土地退化的研究进展[J]. 干旱区资源与环境, 18(3): 38-43.

黄磊, 王长科, 巢清尘, 2020. IPCC《气候变化与土地特别报告》解读[J]. 气候变化研究进展, 16(1): 1-8.

黄萌田, 周佰铨, 翟盘茂, 2020. 极端天气气候事件变化对荒漠化、土地退化和粮食安全的影响[J]. 气候变化研究进展, 16(1): 17-27.

戢建华, 孙科, 陈辉, 2010. 我国西部地区退化生态系统的恢复与重建探讨[J]. 福建林业科技, 37(1): 115-120.

江泽慧, 2003. 增强国土生态安全的危机意识[J]. 建设科技, (6): 50.

江泽慧, 2012. 气候变化背景下干旱生态系统土地退化防治[J]. 世界林业研究, 25(3): 1-5.

刘旭, 2020. 农村土地承包经营权调查中遥感影像选择刍议[J]. 西部资源, (1): 120-123.

彭东海, 2021. 矿山废弃地水土保持生态恢复与重建对策分析[J]. 山西水土保持科技, (3): 33-36.

谭淑豪, 李力, 徐挨辉, 等, 2001. 经济改革背景下的区域土地退化研究——以江西省耕地退化为例[J]. 中国土地科学, 15(3): 31-34.

王芳, 龙启德, 2015. 浅析退化生态系统恢复与重建[J]. 贵州科学, 33(1): 92-95.

王鹏, 王雁鹤, 韩小龙, 等, 2021. 1990—2019 年黑河流域植被覆盖度动态变化及气温对其影响[J]. 中国地质调查, 8(3): 64-71.

王秋兵, 贾树海, 丁玉荣, 2004. 土地退化评价方法的探讨——以辽西北农牧交错带彰武县北部为例[J]. 土壤通报, (4): 396-400.

吴冠岑, 2008. 区域土地生态安全预警研究[D]. 南京: 南京农业大学.

许亚军, 2007. 陕西省土地资源现状和土地退化防治策略研究[D]. 杨凌: 西北农林科技大学.